普通高等教育一流本科专业建设成果教材

过程机械实验教程

周一卉　胡大鹏　主编

Course of Process Machinery Experiment

化学工业出版社

·北京·

内容简介

过程机械实验是过程装备与控制工程专业核心实验实践类课程。本书总结大连理工大学过程装备与控制工程专业实验多年建设经验，融合党的二十大精神，结合“以学生为中心”和“成果导向”的新理念，系统介绍了专业实验设计思想、指导实施过程和能力产出要求。主要内容覆盖装备材料、静设备和动设备等三个方面共十二项实验。本书可作为过程装备与控制工程及相关专业本科生教材或实验指导用书，也可供研究生及工程技术人员参考。

图书在版编目（CIP）数据

过程机械实验教程/周一卉，胡大鹏主编. —北京：化学工业出版社，2022.12

ISBN 978-7-122-42255-2

Ⅰ.①过… Ⅱ.①周…②胡… Ⅲ.①化工过程-化工机械-实验-高等学校-教材 Ⅳ.①TQ051-33

中国版本图书馆 CIP 数据核字（2022）第 177186 号

责任编辑：丁文璇　　　　装帧设计：张　辉

责任校对：宋　玮

出版发行：化学工业出版社（北京市东城区青年湖南街 13 号　邮政编码 100011）

印　　刷：北京云浩印刷有限责任公司

装　　订：三河市振勇印装有限公司

787mm×1092mm　1/16　印张 6　字数 147 千字　　2023 年 7 月北京第 1 版第 1 次印刷

购书咨询：010-64518888　　　　售后服务：010-64518899

网　　址：http://www.cip.com.cn

凡购买本书，如有缺损质量问题，本社销售中心负责调换。

定　　价：25.00 元

前言

大连理工大学过程装备与控制工程专业创办近70年来，始终秉承“以人为本”的教育教学理念，为我国重大技术装备制造业培养了大批知名学者和高级工程专业人才。本专业是国家级特色专业,国家级一流本科专业，国家新工科建设试点专业，国家第一批卓越工程师计划专业和辽宁省示范专业、重点专业和优势特色专业，并于2010年和2016年两次通过了工程教育专业认证。在本专业的建设过程中，实践教育教学是重要组成部分。“化工机械与安全实验室”是辽宁省教学实验示范中心，共开设8门次156学时教学实验，本书介绍的“过程机械实验”是其中授课内容和学时数最多的实验课程。

过程机械实验是面向过程装备与控制工程专业和安全工程专业开设的、覆盖过程装备典型特征实验研究的综合型实验课程。按照装备材料、静设备、动设备等三大类，共设有12项实验。按照教学能力支撑属性的不同，实验可以分为验证型、研究型和综合型三个层次。其中，培养解决复杂工程问题的研究型和综合型实验占比达到60%以上，能够充分调动学生的积极性，发挥学生自主研究解决实际问题的能力。

本书并非对实验操作进行事无巨细的指导，而是希望在强化基本理论的基础上，加强理论与实践的结合，以解决复杂工程问题为目标，开拓研究思路，启发学生通过实验工作，逐步提高分析问题、制订并实施实验计划、进行数据分析与归纳、撰写实验报告的能力，为将来从事创新研发工作奠定扎实的实践基础。

本书借鉴了原有实验讲义内容，张大为编写实验二～实验四和实验六，于洋编写实验五、实验七～实验十，刘润杰编写实验十一，成慧杰编写实验十二，周一卉编写实验一。全书由周一卉、胡大鹏进行统稿及审定。

本书编写过程中得到了武锦涛、刘凤霞、武婷婷老师的支持，原有实验讲义编写团队邹久朋、朱彻、张礼鸣、徐巧莲等多位教师经过多年辛勤耕耘为本书打下了良好基础，在此一并表示感谢。

限于编著者水平，本书中不妥之处在所难免，恳请各位读者批评指正。

编著者

2022年5月

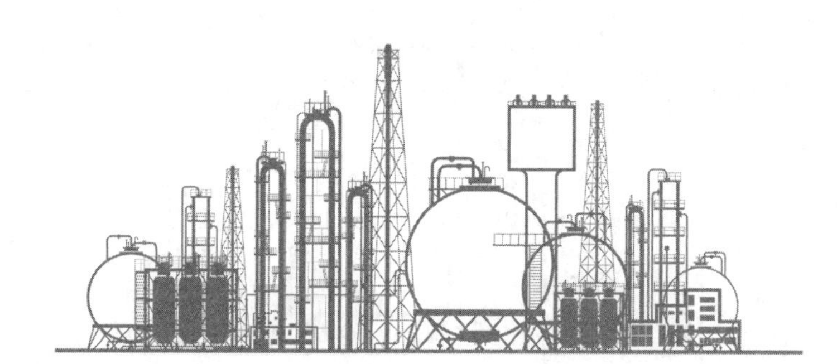

目 录

实验一 化工装备材料冲击韧性实验

一、实验预备知识与能力

本实验为典型装备材料（碳钢和不锈钢）样件在不同温度条件下的冲击韧性实验。要求在实验前具备下述知识与能力，方可进行实验。

① 掌握材料机械性能评价指标与评价方法；

② 掌握过程装备对材料的特殊要求及其原因；

③ 掌握冲击韧性基本概念，掌握冲击韧性在装备材料评价体系中的意义；

④ 了解装备材料相关国家标准；

⑤ 掌握压力容器常用材料牌号。

二、实验教学目标

本实验属研究型实验，要求在教师指导下进行实验。实验教学目标包括：

① 深刻领会并掌握材料的冲击韧性指标在装备材料选用中的重要意义；

② 研究分析不同温度条件下材料的冲击韧性指标，验证材料的低温脆性与低温韧性转变温度；

③ 研究分析样件断截面形态与冲击韧性数据之间的关系。

三、实验方案设计与实施

1. 实验概况

本实验概况如表 1-1 所示。

表 1-1 化工装备材料冲击韧性实验概况

实验类别	研究型实验
实验标准	国家标准:GB/T 150—2011《压力容器》 国家计量检定规程:JJG 1147—2018《夏比 V 型缺口标准冲击试样检定规程》 国家标准:GB/T 229—2020《金属材料 夏比摆锤冲击试验方法》
实验装置	手柄 摆杆 机身 摆锤 H_1 H_2 冲击试验机 (a) JBW-300B 冲击韧性实验台 最大冲击功:300J (b) DWC-60型 冲击试验低温槽 最低温度:-60℃
实验室安全	① 注意避免重锤砸伤 ② 高温与低温样件不能直接用手拾取 ③ 操作时站在隔离线之外

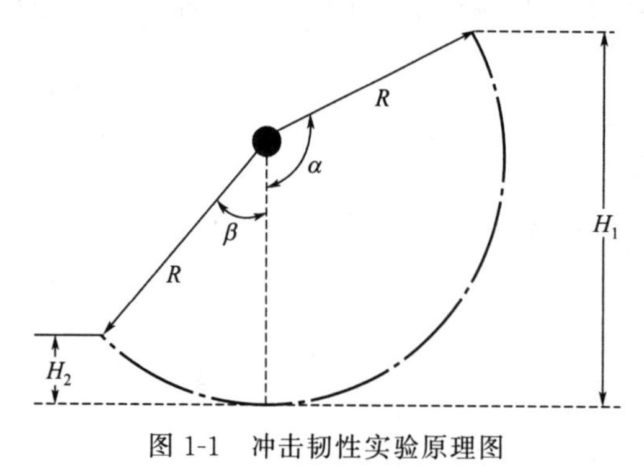

图 1-1 冲击韧性实验原理图

2. 实验原理

图 1-1 为冲击韧性实验原理图。图 1-2 为夏比 V 型缺口标准试样。将一个已知重量的摆锤升至 H_1 高度，使其相对于放置试件的位置具有一定位能，将其释放，摆锤自由下落冲击试件后，一部分动能在冲击试件后被吸收，其余的动能将转变为位能使摆锤回升到 H_2 高度。假设不考虑摆锤摆动时的摩擦损失、空气阻力及试验机吸收的能量损失，则

$$H_1=R+R\cos(\pi-\alpha)=R(1-\cos\alpha) \tag{1-1}$$

$$H_2=R-R\sin\left(\frac{\pi}{2}-\beta\right)=R(1-\cos\beta) \tag{1-2}$$

试样破坏时吸收的能量=摆锤初始状态具有的能量－摆锤剩余能量

$$E=W(H_1-H_2)=WR(\cos\beta-\cos\alpha) \tag{1-3}$$

式中 W——摆锤重量，kg。

冲击韧性 $A_K=\dfrac{E}{A}$，其中 A 为样件断口截面积，本实验中使用标准样件，在做标准试件实验时 $A=0.8\text{cm}^2$。

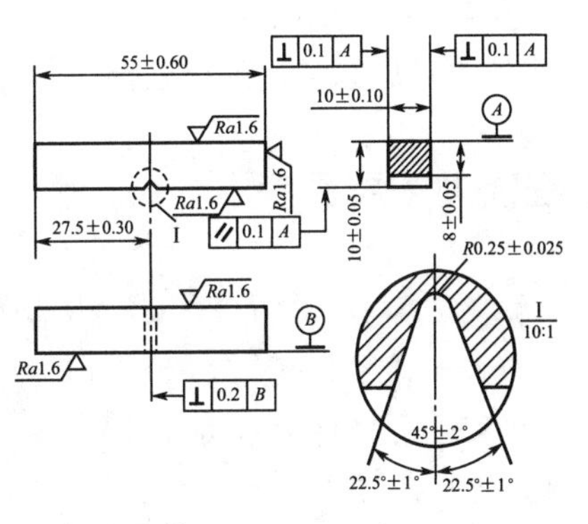

图 1-2　夏比 V 型缺口标准试样

3. 实验实施

冲击韧性实验正式开始前，须在教师指导下熟悉实验机操作，检查实验机周围安全情况，尤其注意摆锤运动轨迹的前、后不能有人，以免发生危险。检查手套、试样夹等个人防护与工具是否齐备，安全检查完毕后，冲击实验按以下步骤进行：

① 将试件放入低温槽中降到实验要求的温度（－40℃）；

② 从低温槽中取出试件，正确平稳地放到实验台上（凹口背面朝向摆锤冲击的方向）；

③ 取摆：按动控制柜面板按钮 1，接通电机，摆锤上升至最高位之后，触碰微动开关，电机停转，其他电气线路复位，保险销伸出；

④ 冲击：按动按钮 2，实现摆锤冲击；

⑤ 记录摆锤运动相关数据；

⑥ 观察断面，计算剩余截面面积和断面延展率。若试件没有冲断，则记录其受到冲击后的弯曲角度；

⑦ 重复上述实验；

⑧ 常温下冲击实验方法相同。

四、实验数据与分析

① 记录同一规格样件常温冲击韧性数据，实验重复次数不少于三次；

② 同一规格样件低温冲击韧性数据，同一实验温度下的重复实验次数不少于三次；

③ 一个实验小组至少完成常温和低温两个温度下的冲击韧性实验。

五、实验报告要求与评价

本实验不要求统一格式实验报告，但实验报告中应包括以下内容：

① 金属材料进行冲击韧性实验的目的和意义；

② 简要阐述实验过程，列出实验数据或曲线，进行误差分析，对实验数据进行分析与讨论，实验曲线要求用 Excel 或 Origin 等软件绘制；

③ 分析评价材料常温与低温下冲击韧性特性的区别；

④ 给出明确的实验结论；

⑤ 工程能力拓展思考，列出主要参考文献。

六、工程能力拓展思考

中国天然气需求旺盛，2000～2018 年，我国天然气消费量快速提升，18 年间消费量复合增长率达 14.45%。2018 年天然气消费量达到 2803 亿立方米，同比增加 18.1%；但天然气自产量只有 1610 亿立方米，同比增长 7.5%，显著低于同期消费量增速，自产气满足消费量的比例由 2014 年的 69%下降至 2018 年的 57%。中国继 2017 年成为世界最大原油进口国之后，2018 年又超过日本成为世界最大的天然气进口国，天然气对外依存度进一步攀升至 45.3%。

天然气消费市场需要依靠进口天然气补足，中国天然气进口量逐年增加，从 2014 年的 578 亿立方米增加到 2018 年的 1262 亿立方米，复合增长率达 22%。中国天然气的进口资源包括管道气和液化天然气（LNG，－162℃），截至 2019 年 9 月，我国已建成 LNG 接收站（图 1-3）22 座，接收能力 9035 万吨/年。

天然气在储运过程中，存在相态的转变，伴随着温度和压力的变化，对储罐材料的冲击韧性有较大的影响，在运输过程中如果其受到大的颠簸或者撞击，可能会造成较大的损坏。

图 1-3　广西北海和辽宁大连的 LNG 接收站

思考题

① 低温压力容器用钢的常用牌号有哪些？适用温度范围是什么？你能找到这些材料的冲击韧性数据吗？

② LNG 储罐用材料是什么？在低温及超低温材料方面，国内外有哪些进展？

实验二
压力容器封头应力测定实验

一、实验预备知识与能力

本实验针对不同类型、不同材料的压力容器，对内压封头和筒体各典型位置处的应力、应变进行测量。要求在实验前具备下述知识与能力，方可进行实验。

① 掌握内压薄壁容器定义和应力分布特征；

② 掌握薄膜应力计算方法；

③ 了解主要封头类型；

④ 掌握球形封头、标准椭圆封头、锥形封头和平盖封头的应力分布特点。

二、实验教学目标

本实验属研究型实验，要求在充分了解预备知识的基础上，以学生为主完成实验。教师主要对测试仪器仪表的使用进行指导。实验教学目标包括：

① 具备利用应变片和应变仪进行压力容器应力-应变特性测试的实验研究方法；

② 研究分析内压容器筒体与封头应力与应变分布特点；

③ 研究分析球形封头、标准椭圆封头、锥形封头和平盖封头的应力分布差异；

④ 研究分析碳钢材料与不锈钢材料对筒体和应力分布的影响；

⑤ 研究分析边缘应力的特点。

三、实验方案设计与实施

1. 实验概况

本实验概况如表 2-1 所示。

表 2-1　压力容器封头应力测定实验概况

实验类别	研究型实验
相关标准	国家标准：GB/T 150—2011《压力容器》
实验装置	(a) 碳钢封头与容器　(b) 不锈钢压力容器
实验室安全	① 注意避免重物砸伤 ② 注意电器安全

2. 实验原理

(1) 应变片原理

电阻应变片的工作原理（图 2-1）是基于应变效应制作的，即导体或半导体材料在外界力的作用下产生机械变形时，其电阻值相应变化，这种现象称为“应变效应”。

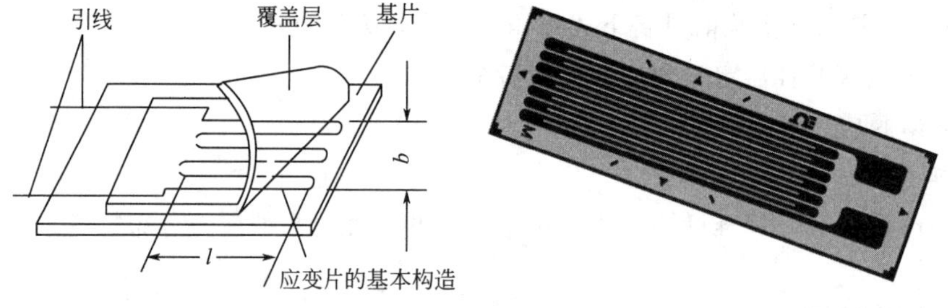

图 2-1　电阻应变片原理图

应变片的电阻变化率通过应变仪直接转换为应变的读数，应变片灵敏系数 K 应考虑其轴向灵敏系数 K_a 与横向灵敏系数 K_t，由于 K_a/K_t 很小，为了方便，直接采用电阻片铭牌上的 K 值。所引起的测定误差仍属于允许误差范围之内。

(2) 动/静态电阻应变仪使用方法

本项实验采用动/静态应变仪采集应变片电阻信号，如图 2-2 所示。应变仪共有 40 通道，可同时采集 40 组应变片信号。

图 2-2　动/静态应变仪

应变片与应变仪的连接如图 2-3 所示。将应变片引线按引线号码连接在应变仪 A、B 线柱上，补偿片引线接在 C 线柱上，形成半桥回路。应变仪按照以下步骤进行操作：

① 预热 15min 以上；

② 将应变仪初始度数置零；

③ 将应变仪的灵敏系数调节器调节到应变片值，将应变仪开关旋到电阻、电容，分别预调平衡，直至各测点在应变仪的检流计均指示零，此时各测点的桥臂处于平衡。

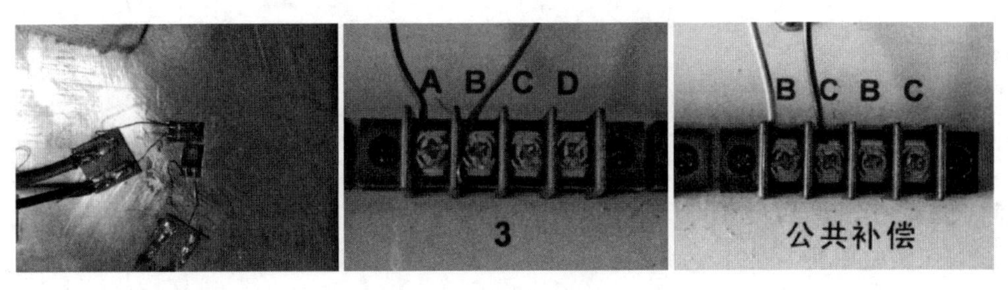

图 2-3　应变仪引线图

(3) 应变片贴铺方法

应变片的粘贴方法根据应变片、粘贴剂和使用环境的不同而不同。

① 应根据被测物与测量目的，确定应变片的种类、长度和应变片的热膨胀系数，选择适用于被测物的应变片。

② 对测量试件进行除锈，去除保护膜，使用硬质铅笔或划线器，确定粘贴位置。注意：在使用划线器时，不要留下深的刻痕。对粘贴面进行脱脂和清洁时，沿着一个方向用力擦拭，禁止来回擦拭，使污物反复附着，无法擦拭干净。

③ 粘贴时，首先要确认好应变片的正反面，然后将滴有适量粘贴剂的应变片立即粘在所做记号的中心位置，再在此应变片上盖上附带的聚乙烯树脂片，并用手指压实，动作要连贯快速。

④ 整个粘贴过程结束后，为了达到更好的效果，最好将应变片放置 60min 左右，粘贴剂完全硬化后再使用。

(4) 应变片贴铺建议

由薄膜理论分析可知，薄壁回转容器在承受内压作用时，在远离不连续区域的顶盖与筒体壁面中将产生径向（轴向）和周向（环向）主薄膜应力，在不连续区域内（包括几何不连续、介质不连续和载荷不连续）会产生附加应力。例如，顶盖与筒体连接位置连接的边缘地区，由于几何形状不连续，会存在附加的弯曲应力，并与薄膜应力叠加形成高峰值边缘应力。边缘应力尽管具有区域性和自限性，但是边缘应力的存在对压力容器疲劳失效和断裂失效的影响很大，与容器结构型式有直接的联系。

顶盖区域应变片布置建议：在顶盖外壁上，选择具有代表性的位置点，如几何形状特征点处（极点处，圆心等）。布点时应注意：

① 几何形状变化或不同几何形状相贯线处，即几何不连续区域，应力变化较大，布点要密一些；

② 纵向片均贴在外壁的纵向线上，端盖同一方向的应变片要在同一纵向线上，防止发生错动与扭曲；

③ 环向片应紧靠对应的纵向片贴在同一平面的垂直方向。

筒体区域应变片布置建议：筒体区域大多为简单几何形状，无复杂变形区域，应变片粘贴注意保持同线和角度，一般采用较大跨度均布。

顶盖与筒体连接区域应变片布置建议：顶盖与筒体连接区域多为几何不连续区域和形状

变化较大区域，应力突变明显，所以该区域应变片要依据测试需求，保证测量准确的前提下采取密布形式。焊缝上不贴应变片，应变片贴布于焊缝周边尽量近的区域。

3. 实验实施

按照以下步骤进行实验：

① 在表 2-1 中图（a）所示装置上，自由选取测试对象，在老师指导下进行应变片铺贴。测点布置由学生自行设计。

② 按照实验原理中（2）的介绍，连接应变片引线与应变仪，做好测试准备。

③ 检查实验装置上的压力表。如指针不在零位上，打开降压阀泄压至压力为零。

④ 四个顶盖应力测定可以同时测也可以单独测。如单独测定时，只需将要测的顶盖与稳压罐连接管线的阀门手动打开，然后启动泵缓慢升压，直至升到要测定的压力。压力从压力表读出。

⑤ 测定应变时，将读数盘旋到使应变仪检流计重新指零，记下应变数值，“正”为拉应力，“负”为压应力。读数时要注意压力表的压力变化，如果没有变化，说明压力稳定。测完打开降压阀降压，使压力降为零，测定各点的零点漂移。

⑥ 实验操作要仔细认真并且迅速，时间太长会影响测量数据的准确性，实验结束后关闭应变仪。

四、实验数据与分析

应变数据由应变仪直接读出，在此基础上利用应力-应变关系式，可以计算得到各测点的应力数据。在弹性变形范围内，主应力与主应变之间存在以下关系：

经向（轴向）应力
$$\sigma_m=\frac{E}{1-\mu^2}(\varepsilon_m+\mu\varepsilon_\theta) \tag{2-1}$$

周向（环向）应力
$$\sigma_\theta=\frac{E}{1-\mu^2}(\varepsilon_\theta+\mu\varepsilon_m) \tag{2-2}$$

式中 E——弹性模量，200GPa；

μ——泊松比，0.3；

ε_θ——径向应变；

ε_m——环向应变。

五、实验报告要求与评价

本实验不要求统一格式实验报告，但实验报告中应包括以下内容：

① 容器铺贴应变片前后的实验照片；

② 列出应变实验数据，进行误差分析；

③ 计算测点位置应力数据，沿顶盖至筒体外轮廓面作应力和应变的变化趋势曲线；

④ 与薄膜应力理论数据作对比，进行边缘应力分布特征讨论，可以参考图 2-4，将实验数据与数值计算结果进行对比分析；

⑤ 列出主要实验结论；

⑥ 工程能力拓展思考，列出主要参考文献。

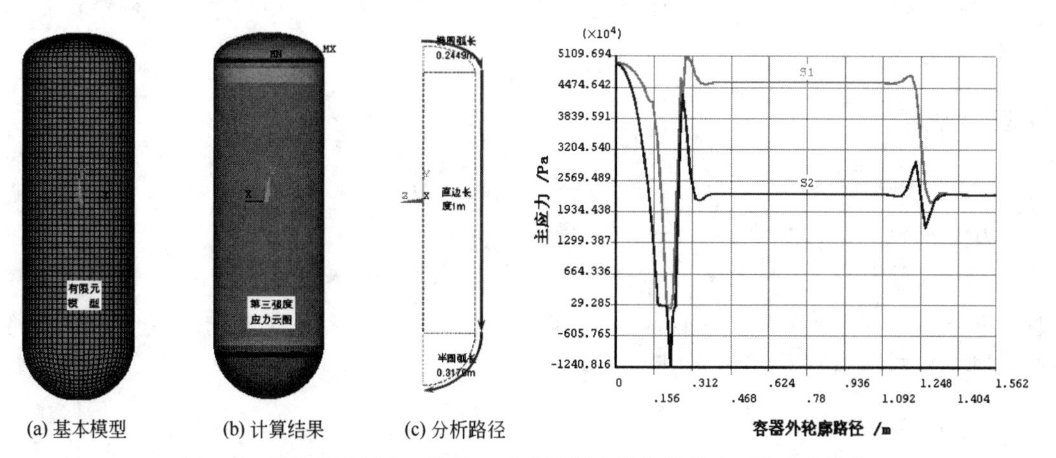

(a) 基本模型　(b) 计算结果　(c) 分析路径

图 2-4　标准椭圆封头、筒体、半球形封头沿容器外壁面的应力分布

六、工程能力拓展思考

压力容器的设计方法概述，请阅读以下材料。

目前我国压力容器设计所采用的标准规范有两大类：一类是常规设计标准，以 GB/T 150—2011《压力容器》为代表；另一类是分析设计，以 JB 4732—1995《钢制压力容器——分析设计标准》为代表。两类标准是相互独立、自成体系、平行的压力容器规范，绝对不能混用，只能依据实际的工程情况而选其一。

1. 设计准则比较

常规设计主要依据是第一强度理论，认为结构中主要破坏应力为拉应力，限定最大薄膜应力强度不超过规定许用应力值，当结构中某最大应力点一旦进入塑性，结构就丧失了纯弹性状态，即为失效。常规设计是基于弹性失效准则，以壳体的薄膜理论或材料力学方法导出容器及其部件的设计计算公式。一般情况下仅考虑壁厚中均布的薄膜应力，对于边缘应力及峰值应力等局部应力一般不作定量计算，如对弯曲应力。

分析设计的主要依据是第三强度理论，认为结构中主要破坏应力为剪切力。采用以极限载荷、安定载荷和疲劳寿命为界限的塑性失效与弹塑性失效的设计准则，对容器的各种应力如总体薄膜应力、边缘应力、峰值应力等，进行精确计算和分类，同时还考虑了循环载荷下的疲劳分析，在设计上更合理。

2. 标准适用范围对比

常规设计标准 GB/T 150 适用于设计压力大于或等于 0.1MPa 且小于 35MPa，及真空度高于 0.02MPa 的场合。对于设计温度，GB/T 150 规定为－269～900℃，是按钢材允许的使用温度确定设计温度范围，可高于材料的蠕变温度范围。

分析设计标准 JB 4732 适用于设计压力大于或等于 0.1MPa 且小于 100MPa，及真空度高于 0.02MPa 的场合。对于设计温度，JB 4732 将最高的设计许用温度限制在受钢材蠕变极限约束的温度。

3. 应力评定对比

常规设计标准 GB/T 150，采用统一的许用应力，如容器筒体，是采用中径公式进行应力校核，最大应力满足许用应力即可。

分析设计标准 JB 4732 的核心是将压力容器中的各种应力加以分类，根据所考虑的失效模式，比较详细地计算了容器及受压元件的各种应力。根据各种应力本身的性质及对失效模式所起的不同作用予以分类。

(1) 一次应力

一次应力是受到外加机械载荷的作用而在容器中产生的、为平衡这种外载所必需的正应力或剪应力，它需要满足外载和内力的平衡关系。一次应力是个统称，具体包括下述三类。

① 一次总体薄膜应力　存在于结构总体范围内，其应力达到材料的屈服强度时，会使元件的总体范围内整个壁厚的材料同时进入屈服，使元件产生过量的弹性和塑性变形而直接导致结构破坏，它是各类应力中对容器危害性最大的应力。例如各种壳体中平衡内压或分布载荷所引起的薄膜应力。

② 一次局部薄膜应力　存在于结构局部范围内，由介质压力或其他机械载荷所引起，只要符合局部地区和薄膜应力的特征都可以称为一次局部薄膜应力。一次局部薄膜应力即使达到材料的屈服强度也不会造成结构整体过大的弹性和塑性变形，因而允许这类应力强度有比一次总体薄膜应力较宽的校核条件。例如容器支座，由于自重或外载在壳体上所引起的薄膜应力。

③ 一次弯曲应力　弯曲应力中的一种，是由介质压力或其他机械载荷引起，沿容器壁厚方向形成线性分布，内外壁表面大小相等、方向相反、中间面为中性面的应力，它满足外载和内力的平衡关系。一次弯曲应力对结构整体的危害程度同一次局部薄膜应力相似，因而这类应力的强度校核条件也比一次总体薄膜应力宽。如平盖中心部件由压力引起的弯曲应力。

(2) 二次应力

二次应力是由容器同一元件上不同部位的材料或者相邻元件之间的总变形协调条件导出的正应力或剪应力。由温度差而引起的热应力都由变形协调关系导出，根据其存在范围是属于整体还是局部分别划入二次应力或峰值应力。如换热器管板与筒体连接处由于径向膨胀量不同所产生的热应力等。

(3) 峰值应力

峰值应力定义为在局部结构不连续处，总应力去除一次应力及二次应力后剩余的应力。它的基本特性是不会引起任何比较显著的结构变形，仅可能是导致容器出现疲劳破坏和脆性断裂的潜在原因。峰值应力的划分并不以沿器壁厚度是均匀分布、线性分布还是非线性分布的来定义，不是高度集中的应力，如果它不会引起显著的结构变形，也可划归为峰值应力。例如在碳钢容器的奥氏体钢覆层中出现的温差应力。

4. 优势与不足的比较

常规设计方法以材料力学及板壳理论与简化计算公式为基础，由于材料安全系数选取比较大，所以制造出的容器是比较安全的，但是因为过于保守，材料的浪费也是不容忽略的问题。另外对于比较苛刻的操作工况，常规设计存在很大的局限性。

分析设计采用以极限载荷、安定载荷和疲劳寿命为界限的塑性失效和弹塑性失效准则，允许结构出现可控制的局部塑性区，允许对峰应力部位作有限寿命设计，采用这个准则可以较好地解决常规设计的不足，合理地放松对计算应力的过严控制。由于分析设计采用了塑性失效准则，因此安全系数相对降低，许用应力相对提高。另外由于分析设计考虑疲劳问题，其提供疲劳分析设计的实用规程，考虑交变应力下容器的疲劳寿命。但是基于分析设计的特点，对于容器的选材、制造、检验和验收都提出更加严格的要求。分析设计虽然科学严谨，但却需要进行大量复杂的分析计算，因而提高了设计费用和时间。

综上所述，根据具体的设计要求选取合适的设计方法是很有必要的，在实践工作过程中做到常规设计与应力分析设计有机结合，才可以保证制造出来的压力容器既合理又经济。

思考题

① GB/T 150—2011《压力容器》中，设计压力的上限是多少？为什么要做这样的限制？

② 请举例应用分析设计法进行设计的容器。

实验三

压力容器爆破实验

一、实验预备知识与能力

本实验对气瓶进行水压爆破，对压力容器极限承载特性开展实验研究。要求在实验前具备下述知识与能力，方可进行实验。

① 掌握内压容器应力分布特点；

② 掌握塑性材料强度理论；

③ 了解 GB/T 15385—2022《气瓶水压爆破试验方法》；

④ 进行受试气瓶材料的拉伸试验，获得材料的屈服强度和抗拉强度。

二、实验教学目标

本实验属研究型实验，要求在充分了解预备知识的基础上，以学生为主完成实验。教师主要对测试仪器仪表的使用进行指导。实验教学目标包括：

① 掌握压力容器整体爆破的实验方法；

② 利用压力-变形量数据对压力容器的极限承载能力进行分析；

③ 利用强度理论对压力容器的爆破断口进行全面的宏观分析；

④ 具备独立测定压力容器整体屈服压力及爆破压力并与理论计算值进行比较分析的能力。

三、实验方案设计与实施

1. 实验概况

整体构件爆破实验是压力容器研究、设计与制造中的一个综合性实验，是检验考核构件材料各项机械性能、结构合理性和安全储备等方面性能的直接方法，在压力容器设计、制造、检验等环节中具有重要作用。

(1) 产品定型

对新设计压力容器的选材、结构及制造工艺进行合理性验证，包括新产品的试制、材料更新、结构型式改变以及制造工艺波动时为确保产品质量而进行的实验。

(2) 质量监控

对已定型的压力容器，为了监控在生产中由于生产工艺的波动等因素而引起的质量波动所进行的实验。此外，模具的变形、热处理炉温的波动、原材料质量波动以及焊接工艺条件的波动等都能引起压力容器产品质量的波动。

(3) 科研及其他用途的评定性实验

在科研活动或压力容器其他性能的评定过程中，也会用来检验容器性能。但要注意的是，压力容器爆破实验属于破坏性实验，耗费较高。因此是否需要进行这类实验要慎重考虑。

2. 实验原理

本项实验依照 GB/T 15385 进行设计、数据采集和分析，并最终获得结论。图 3-1 是标准中规定的实验流程图。

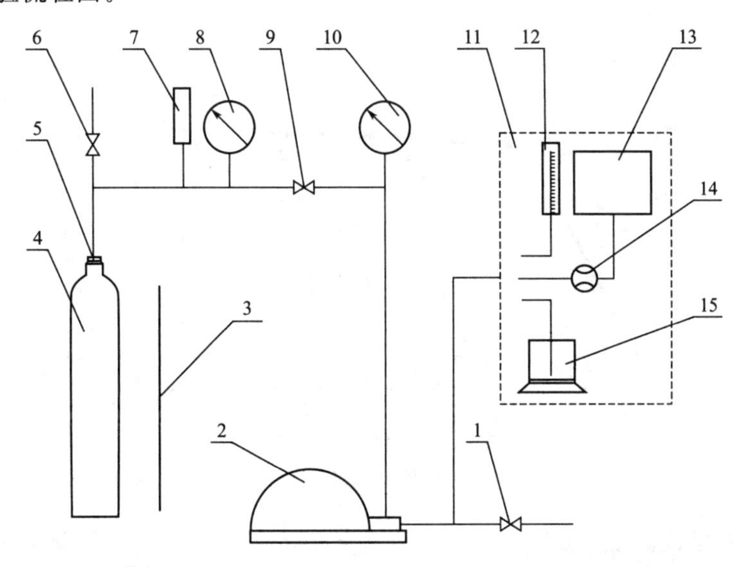

图 3-1　实验流程图

1—进水阀；2—加压装置；3—安全防护措施；4—受试瓶；5—专用接头；6—卸压阀；7—压力变送器；8—压力表；9—截止阀；10—加压装置前压力表；11—水量测量仪表；12—量筒；13—实验用水水槽；14—流量传感器；15—电子天平

本实验采用水做介质，由压力源向容器内注入压力介质直至容器爆破，高压下爆破具有一定的危险性，需要安全防护措施，以保证人员及设备的安全。

3. 实验实施

为保证安全，本实验采取远程控制方式。实验开始前，将注满水的实验气瓶放置在爆破舱内，如图 3-2 所示。

在爆破实验过程中，通过爆破舱内设置的摄像头监控实验进程，观察容器的变化。在远程用户界面上，显示实时压力数据和容积变形量数据，如图 3-3 所示。随着介质持续进入容器，压力和变形量不断增加，容器经历弹性变形阶段，进而出现局部屈服、整体屈服、材料硬化、容器过度变形直至爆破失效。典型的气瓶水压爆破曲线如图 3-4 所示，爆破舱内实验场景如图 3-5 所示。

图 3-2　气瓶爆破仓

图 3-3　远程控制柜

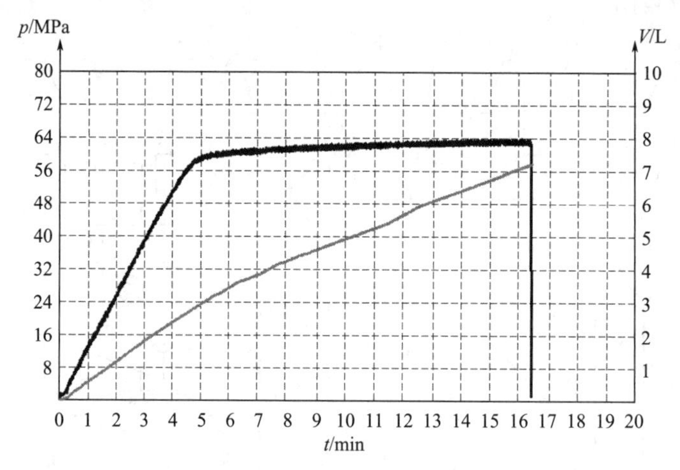

图 3-4　压力-时间（深色）与进水量-时间曲线（浅色）

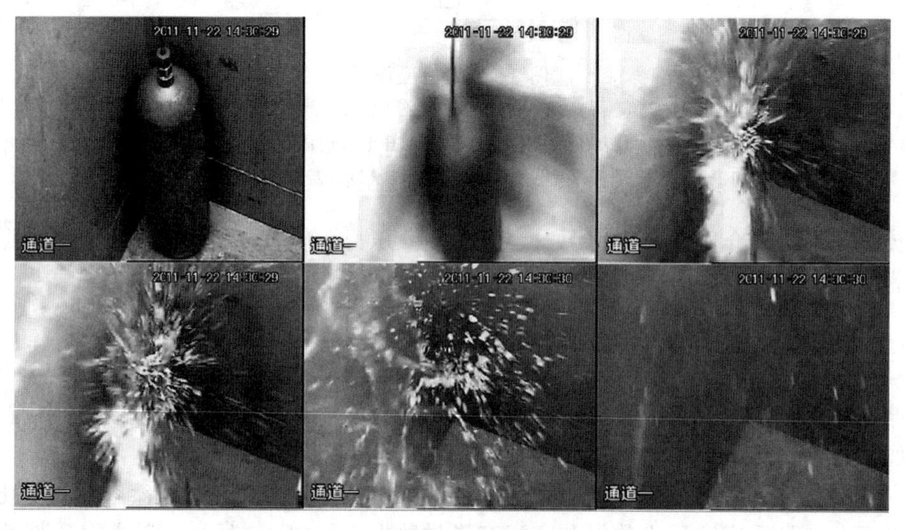

图 3-5　气瓶水压爆破场景

本实验的受试气瓶为钢制无缝气瓶，主要参数如表 3-1 所示。

表 3-1　受试气瓶主要参数

气瓶材料	37Mn
设计压力	15 MPa
公称容积	40 L
公称直径(外径)	ϕ219 mm
计算壁厚	5.7mm

注:气瓶材料实测机械性能由拉伸实验测得。

主要实验步骤如下：

① 实测气瓶直径及各点壁厚，找出最小壁厚部位。预测起爆位置，做好标记。

② 将试件内充满水，然后接到高压泵上，并应设法排尽系统或气瓶中残余空气。

③ 实验前应再次检查安全防护措施，并确定观测、读数、记录人员的分工，经指导教师同意后，方可进行实验。

④ 开泵升压，升压速度应适宜（在整体屈服前不得大于 0.5MPa/s），升压过程中要观察压力上升情况，并读出各压力下的升压时间及相应的进水量，最后读出屈服强度（yield stress）和爆破压力值（tensile stress）。

⑤ 观察、测绘并记录试件爆破后的断口情况。

⑥ 进行数据处理。

四、实验数据与分析

1. 从实验曲线上读取屈服强度和抗拉强度

① 屈服强度的特征：记录进水量不断增加而压力表指针基本上停滞不动时的压力；记录在压力-时间曲线上对应整体屈服的平台阶段的压力。

② 抗拉强度的特征：记录容器爆破的瞬间容器内的压力。

2. 利用强度理论计算内压容器的屈服强度和抗拉强度

当容器内部压力上升到某一数值时，容器内壁表层材料首先开始屈服，随着压力的升高，塑性区向外扩展直至整个壁厚全部屈服，这时的压力为屈服压力。由于此时材料已进入塑性状态，因而将会有较大的塑性变形发生。当变形发展到一定程度时，材料便进入硬化阶段，随着塑性变形的不断发生，容器壁厚不断减薄，当筒壁内应力达到材料的强度极限时容器便会发生爆破。

根据不同的压力分布假设以及不同的屈服准则，可推导出不同的屈服强度与强度极限计算公式，具有代表性的有以下几种。

(1) 基于理想弹-塑性材料，按厚壁圆筒分析得出的公式

① Tresca 屈服准则

$$p_s=\sigma_s \ln K \tag{3-1}$$

$$p_b = \sigma_b \ln K \tag{3-2}$$

② Mises 屈服准则

$$p_s = \frac{2}{\sqrt{3}} \sigma_s \ln K \tag{3-3}$$

$$p_b = \frac{2}{\sqrt{3}} \sigma_b \ln K \tag{3-4}$$

式中　K——圆筒外、内径之比；

σ_s，σ_b——材料的屈服应力和抗拉应力。

(2) 修正公式

福贝尔和史文森根据前述基于理想弹性材料推导出的 p_b 公式。考虑到材料的应变硬化或屈强比 σ_s/σ_b 对爆破压力 p_b 的影响，分别提出修正公式：

① 福贝尔公式

$$p_b = \frac{2}{\sqrt{3}} \sigma_s \left(2 - \frac{\sigma_s}{\sigma_b}\right) \ln K \tag{3-5}$$

② 史文森公式

$$p_b = \left[\frac{0.25}{n + 0.227} \left(\frac{e}{n}\right)^n\right] \sigma_b \ln K \tag{3-6}$$

式中　n——材料应变硬化指数。

(3) 基于薄壁分析的公式

当容器壁厚相对较薄（$K<1.2$）时，可按薄膜理论进行分析：

① Tresca 屈服准则

$$p_s = 2S\sigma_s / D_m \tag{3-7}$$

$$p_b = 2S\sigma_b / D_m \tag{3-8}$$

② Mises 屈服准则

$$p_s = \frac{4}{\sqrt{3}} \frac{S\sigma_s}{D_m} \tag{3-9}$$

$$p_b = \frac{4}{\sqrt{3}} \frac{S\sigma_b}{D_m} \tag{3-10}$$

式中　D_m——中径，即内外壁平均直径；

S——壁厚。

3. 破坏方式与断口分析

(1) 破坏方式

气瓶爆破后，根据破口处的形状、有无碎片、爆破源处金属的变形及爆破断口的宏观分析等来定性地分析构件材料的断裂特征。

对于准静态一次性加压爆破的容器，可能发生的破裂形式为韧性破裂和脆性破裂。对于压力容器用钢，一般要求塑性和韧性均比较好。若构件材料有较好的韧性、不存在宏观冶金缺陷或裂纹、无热处理不当，且实验温度不低于材料的冷脆转变温度时，受试气瓶的破裂形式应为韧性破裂，可以依照韧性破裂计算屈服强度和抗拉强度。若构件材料有一定的缺陷、韧性较差，同时存在其他不利因素，如应力集中、残余应力、环境温度过低等，则可能发生脆性破裂。两者的主要区别如表 3-2 所示。

表 3-2　受试气瓶破裂特性

主要区别特性 \ 破裂类型	韧性破裂	脆性破裂
破口形状	一般无碎片,仅有裂口； 圆筒形容器主裂口沿筒体轴向	有碎片
塑性变形情况	比较大	几乎无
抗拉强度	与常规强度计算值接近	较低

图 3-6 展示了不同破裂形态，可以看出，韧性爆破后，气瓶基本保持完整，爆破区域存在破裂口；脆性破裂气瓶直接分裂为数块碎片，已经不能保证完整形态。

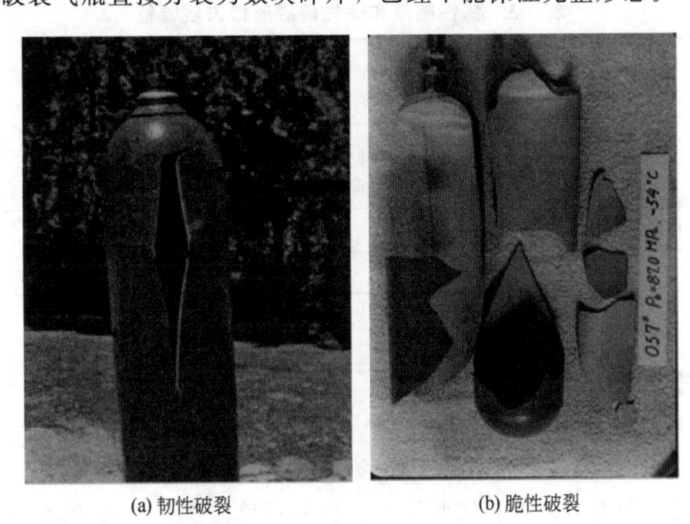

(a) 韧性破裂　　(b) 脆性破裂

图 3-6　气瓶水压爆破后形态

(2) 断口宏观分析

金属的拉伸断口，一般都是由三个区组成，即纤维区、放射区和剪切唇，称为断口三要素，如图 3-7 所示。

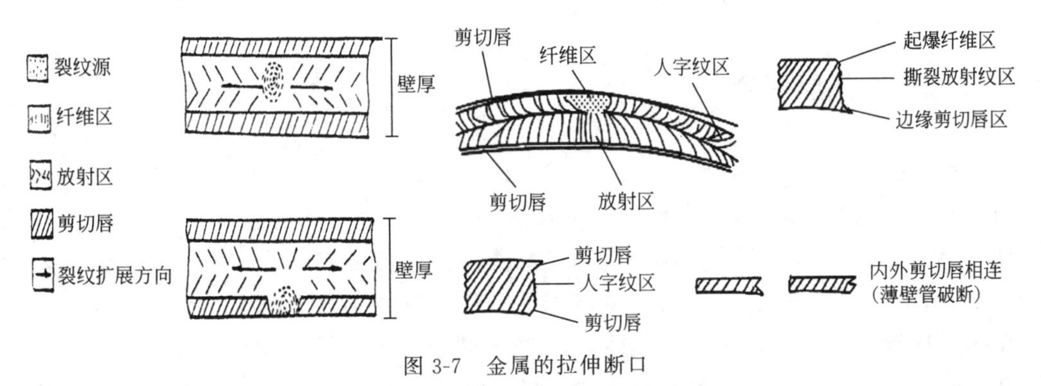

图 3-7　金属的拉伸断口

纤维区紧连断裂源，是断裂的发源地。矩形截面试样或板材断裂的纤维区域呈椭圆形。在此区裂纹的形成和扩展是比较缓慢的。纤维区的表面呈现粗糙的纤维状，颜色常为暗灰色。它所在的宏观平面（即裂纹扩展的宏观平面）垂直于拉伸应力方向。

放射区紧连着纤维区。它是裂纹达到临界尺寸后高速断裂的区域，放射区存在人字形放射花纹，它是脆性断裂最主要的宏观特征之一。人字形花纹的尖顶必然指向纤维区，指向断裂源。

剪切唇是最后断裂的区域，靠近表面。在此区域中，裂纹扩展是快速的，但它是一种剪切断裂。剪切唇表面光滑，无闪耀的金属光泽，与拉伸主应力方向成 45°角。

根据断口三区的相对比例可判断构件材料的断裂特征，此比例主要由材料的性质、板厚及温度决定。材料越脆，板厚较大，温度越低，则纤维区、剪切唇越小，放射区越大。反之材料塑性韧性越好，板厚越小，温度越高，则纤维区剪切唇越大，放射区越小。甚至出现全剪切唇断口。

韧性破裂和脆性破裂断口宏观特征如表 3-3 所示。

表 3-3　韧性破裂和脆性破裂断口宏观特征

破裂口类型 主要特性	韧性破裂断口	脆性破裂断口
色泽、形貌	暗灰色，纤维状	呈金属光泽，结晶状
断口表面	有明的剪切唇，与主应力成 45°角	平齐与主应力方向垂直，以正应力拉断为主
有无纹路	无(较少)	指向裂纹源的人字形花纹
始裂点	—	缺陷、几何形状突变处等

五、实验报告要求与评价

本实验不要求统一格式实验报告，但实验报告中应包括以下内容：

① 记录处理实验数据，包括：实验用水温度和环境温度、压力-进水量曲线、受试气瓶实验屈服压力、实验爆破压力、总压入水量；

② 配合简图或照片，说明破裂部位、破口形状和断口特征；

③ 运用强度理论，计算屈服强度和抗拉强度，分析实测值与理论计算值的差别，确定适用的最佳理论计算公式；

④ 工程能力拓展思考，列出主要参考文献。

六、工程能力拓展思考

气瓶是一种典型的移动式压力容器，据统计，截至 2019 年，全国在役气瓶约 1.64 亿只，数量与规模都是特种设备中最多的。常见的气瓶类型可以分为：① 钢制无缝气瓶，是以钢坯为原料，经冲压拉伸制造，或以无缝钢管为材料，经热旋压收口收底制造的钢瓶。瓶体材料采用优质碳钢、锰钢、铬钼钢或其他合金钢。用于盛装永久气体（压缩气体）和高压液化气体。② 钢制焊接气瓶，是以钢板为原料，经冲压卷焊制造的钢瓶。瓶体及受压元件材料要求有良好的冲压和焊接性能。这类气瓶用于盛装低压液化气体，如石油液化气钢瓶等。③ 复合缠绕气瓶，是以碳纤维、玻璃纤维加黏结剂缠绕在内筒外制造的复合结构气瓶。内筒可以由金属或塑料制成，其作用是保证气瓶的气密性，承压强度则主要依靠外侧纤维缠绕层承担，这类气瓶由于绝热性能好、重量轻，在中高压力气体介质存储中占有突出优势。如 CNG（压缩天然气）气瓶、高压储氢气瓶等。④ 低温绝热气瓶，多采用双层器壁结构配合高真空度夹层，不仅可以实现低温液体储存，同时可以使用自带汽化器或与外接汽化器配用，按所需压力、流量连续提供常温气体。工业中使用的几种典型气瓶见图 3-8。

(a) 钢制无缝气瓶　(b) 焊接气瓶　(c) 站用压缩天然气长管气瓶

(d) 玻璃纤维缠绕复合气瓶　(e) 碳纤维缠绕复合气瓶　(f)储氢气瓶与氢能源车　(g) 低温绝热气瓶

图 3-8　工业中常用气瓶

思考题

① 某复合气瓶进行水压爆破实验，实验曲线如图 3-9 所示，请分析其与本次实验中钢制无缝气瓶实验曲线的异同。请分析原因。

② 查找关于氢能源动力汽车的技术资料，撰写一篇前沿进展报告，谈谈你对氢能源未来发展的看法。

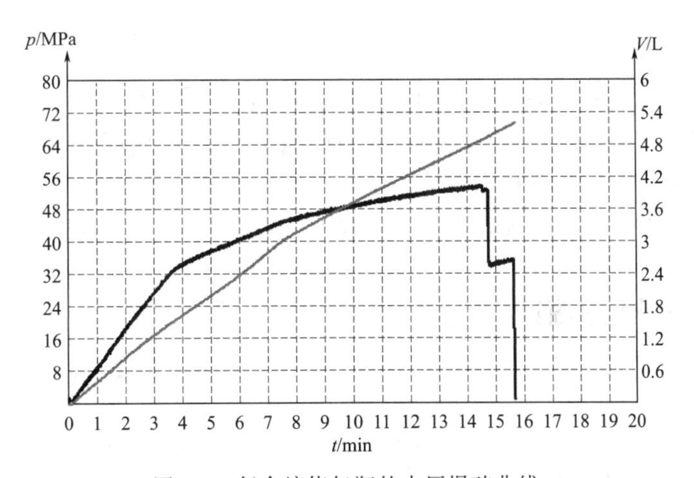

图 3-9　复合缠绕气瓶的水压爆破曲线

实验四

外压容器失稳实验

一、实验预备知识与能力

本实验为圆筒形薄壁容器在外压工作条件下的稳定性实验。要求在实验前具备下述知识与能力，方可进行实验。

① 掌握容器外压失稳定义，区分弹性失稳与非弹性失稳；

② 了解判别圆筒是长圆筒、短圆筒还是刚性圆筒的依据；

③ 掌握外压容器失稳临界压力 p_{cr} 的计算方法；

④ 了解外压失稳在设备设计中的重要性；

⑤ 掌握改变外压薄壁容器稳定性的设计方法。

二、实验教学目标

本实验属综合型实验，要求在教师指导下进行实验。实验教学目标包括：

① 深刻领会外压容器稳定性在设备设计制造和使用过程中的重要意义；

② 研究分析影响外压容器稳定性的因素，验证其影响变化规律；

③ 针对具体问题，提出合理设计方案，有效改变外压容器的稳定性。

三、实验方案设计与实施

1. 实验概况

本实验概况如表 4-1 所示。

表 4-1　外压容器失稳实验概况

实验类别	综合型实验
实验标准	国家标准:GB/T 150—2011《压力容器》
实验装置	外压失稳实验装置,工作压力 0～2MPa
实验室安全	① 注意管线阀门的正确开启 ② 注意压力泵的正确操作 ③ 注意实验前系统排气要充分

2. 实验原理

壳体受均布外压时，壳壁中产生压缩应力，大小与受内压时的拉伸应力相同。此时，壳体的失效形式有两种：当强度不足时，外压容器会出现强度失效；当刚度或惯性矩不足时，外压容器会发生失稳。对于薄壁容器，失稳往往在强度失效之前。若失稳时壳体的周向应力低于材料的比例极限，称为弹性失稳，主要出现在薄壁容器；若失稳时壳体的周向应力超过比例极限，此时厚度上开始出现局部屈服，称为非弹性失稳或弹塑性失稳。本实验的研究内容为圆筒形外压容器的弹性失稳。

外压圆筒的失稳形式包括周向失稳、轴向失稳和局部失稳。周向失稳是指圆筒由于均匀径向外压引起的失稳，也叫侧向失稳，其形状见图 4-1，其波数 n 可以为 2，3，4，……。轴向失稳是薄壁圆筒承受轴向外压，当载荷达到某一数值时丧失稳定性，但仍然具有圆形的环截面，只是破坏了母线的直线性，母线产生了波形，即圆筒发生了皱褶，如图 4-2 所示。除以上两种失稳外的失稳均为局部失稳。本实验的研究对象为周向失稳，承载情况如图 4-3 所示，为侧面均布载荷。

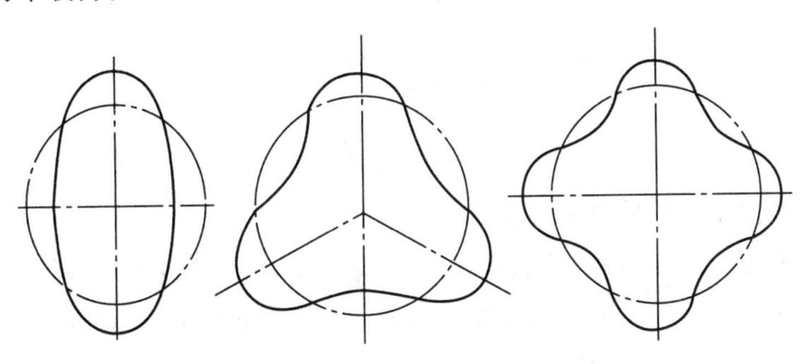

图 4-1　周向失稳形变

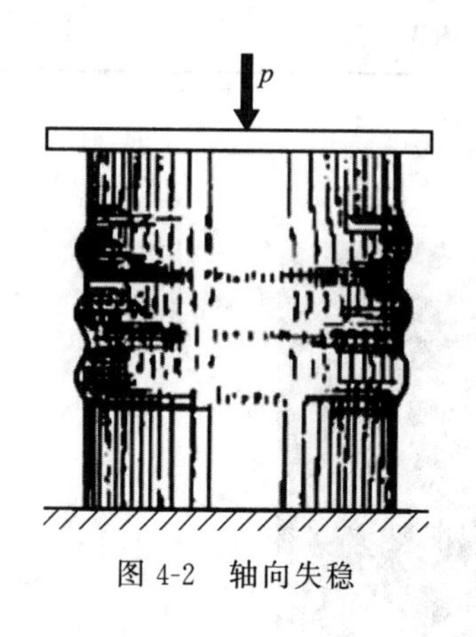

图 4-2 轴向失稳

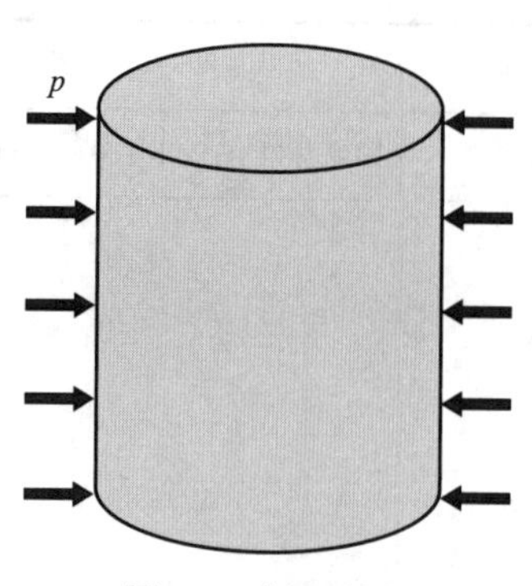

图 4-3 侧压失稳

导致外压圆筒失稳的压力称作临界压力，通常用 p_{cr} 表示。筒体在 p_{cr} 作用下，筒壁内存在的压应力称为临界应力，以 σ_{cr} 表示。

对于长圆筒

$$p_{cr}=2.2E\left(\frac{\delta_e}{D_o}\right)^3 \tag{4-1}$$

式中 E——材料的弹性模量，MPa；

δ_e——圆筒的厚度；mm；

D_o——圆筒外直径；mm。

长圆筒失稳时的波数 $n=2$。

对于短圆筒

$$p_{cr}=\frac{E\delta_e}{R(n^2-1)\left[1+\left(\frac{nL}{\pi R}\right)^2\right]^2}+\frac{E}{12(1-\mu^2)}\left(\frac{\delta_e}{R}\right)^3\left[(n^2-1)+\frac{2n^2-(1+\mu)}{1+\left(\frac{nL}{\pi R}\right)^2}\right] \tag{4-2}$$

式中 R——圆通半径，mm；

μ——泊松比。

短圆筒失稳时的波数 n 为大于 2 的整数。

长圆筒与短圆筒以及刚性圆筒的区分，按临界长度 L_{cr} 和 L'_{cr}来判别。

$$L_{cr}=1.17D_o\sqrt{\frac{D_o}{\delta_e}} \tag{4-3}$$

$$L'_{cr}=\frac{1.3E\delta_e}{\sigma_s^t\sqrt{\frac{D_o}{\delta_e}}} \tag{4-4}$$

式中 σ_s^t——工作温度下的材料屈服极限，MPa。

当筒体计算长度 $L>L_{cr}$ 时，为长圆筒；当 $L'_{cr}<L<L_{cr}$ 时，为短圆筒；当 $L<L'_{cr}$时，为刚性圆筒。筒体的计算长度 L，取筒体上相邻支承之间的距离。刚性圆筒刚性较好，破坏的原因为强度破坏，不会发生失稳。

短圆筒失稳的波形数为

$$n=\sqrt[4]{\frac{7.06}{\left(\frac{L}{D_o}\right)^2\left(\frac{\delta_e}{D_o}\right)}} \tag{4-5}$$

装有加强圈时，L 取加强圈间距，计算结果取整。

3. 实验实施

开始实验时，首先要熟悉实验工艺流程，如图 4-4 所示。检查实验装置、管线和阀门的开启状态，保证装置处于合理待开机状态。将测量好的实验用圆筒部件置于外压失稳罐 V_3 中，密封锁紧，打开操控台，显示一切正常后，开启柱塞泵 P_1，将贮存于水槽 V_1 内的压力介质水输送至储能器 V_2，然后进入外压失稳罐，对实验圆筒施加外压，直至失稳。进行实验时，注意各操作环节的前后顺序，严格按照流程操作，听从老师指导。

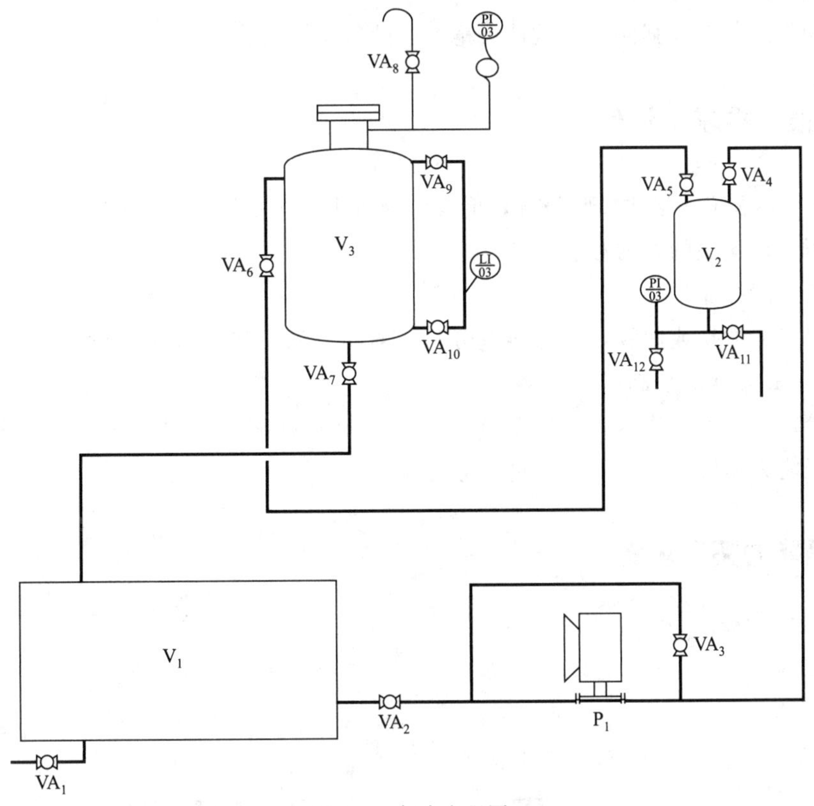

图 4-4　实验流程图

实验过程中，系统会自动记录数据，但要求同学们仔细观察并记录数据变化，观察实验部件的失稳现象和特征。

外压圆筒的工作压力大于许用压力时，可增加筒体厚度或减小筒体的计算长度。在圆筒的内部或外部相隔一定距离焊接型钢加强圈，可提高外压容器的临界压力，提高许用压力。

本实验选用某一材料的圆形平板或圆环作加强圈，通过嵌入或粘贴方式将加强圈固定在试件筒体的内部或外部，以改变筒体计算长度，来提高试件失稳压力。加强圈间距设计可采

用下列公式计算

$$L_{\max}=\frac{2.59ED_{o}\left(\frac{\delta_{e}}{D_{o}}\right)^{2.5}}{mp_{cr}} \tag{4-6}$$

式中　$L_{\max}$——圆筒计算长度。

对实验中的失稳罐体自行设计加强圈进行稳定性增强，利用本实验操作系统，进行失稳实验。按给定的最大工作压力 $p_{\max}$ 判断试件承受外压的稳定性，若计算结果表明试件稳定性不够，则设计安置加强圈，计算加强圈间距大小，并选择内置加强还是外部加强。

四、实验数据与分析

① 实验数据的误差分析；

② 无加强圈与有加强圈两个试件失稳实验的数据分析。

五、实验报告要求与评价

本实验不要求统一格式实验报告，但实验报告中应包括以下内容：

① 外压失稳实验的目的和意义；

② 实验实际操作步骤；

③ 列出实验数据或曲线，进行误差分析，对实验数据进行分析与讨论，实验曲线要用 Excel 或 Origin 等软件绘制；

④ 按给定的最大工作压力分析无加强圈与有加强圈两个试件承受外压的稳定性；

⑤ 工程能力拓展思考，列出主要参考文献。

六、工程能力拓展思考

(1) 管道失稳分析

对于厚壁管道来说，整体为细长结构，一旦管道受到挤压，没有足够的导向架或足够埋深，管道就会发生整体失稳；大口径薄壁管道，一旦受过度挤压，往往发生局部失稳，局部失稳往往让管道发生褶皱，如图 4-5、图 4-6 所示。

图 4-5　某化工厂原料储罐失稳

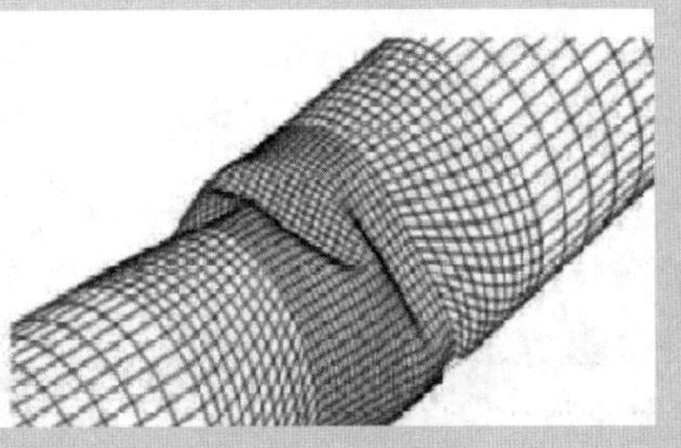

图 4-6　管道失稳形态

对于直埋管线，由于土壤作用，管道在约束段受轴向压缩作用，当压缩力过大，埋深过浅时，管线会发生整体失稳。整体失稳时，管道会向上凸起，顶出地面。

当直埋管线的直径较大时，就可能会发生局部失稳（褶皱）。一旦发生局部失稳，轴向压力瞬间转换为局部弯矩，管道受拉伸作用加强，不规则形状导致局部拉弯应力很高，直埋管道容易发生应力腐蚀。且介质流动通道变化，增加流动阻力，易产生冲蚀磨损，缩短使用寿命，管道无法继续服役。

(2) 基于实验的失稳评定方法

管道整体失稳可采用欧拉方程分析，关于局部失稳分析常用两种方法，应变控制法和应力控制法。应变控制相对应力控制一般许用值会偏大。应变控制法是基于实验的控制方法，如欧盟针对屈服强度 235MPa 的材料，对不同管径管道进行一系列的充压和升温挤压实验，得到不同径厚比条件下的最大允许应变，如图 4-7 所示。

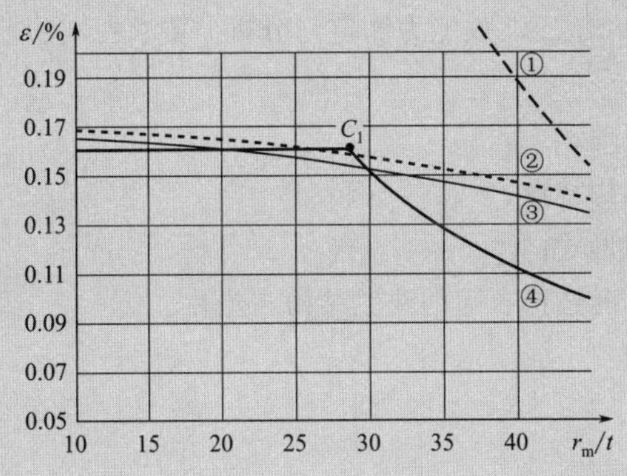

①号曲线：局部失稳，均匀应变
②号曲线：发生棘轮效应，压力25bar[1]，温度130℃
③号曲线：发生棘轮效应，压力25 bar，温度140℃
④号曲线：大口径厚壁管道压应变限制C_1

图 4-7　充压和升温的挤压图

通过最大应变值的监控与限制，能够达到有效预防管道失稳的作用。

关于应力控制法，在 GB/T 150 中有明确规定，有兴趣的同学可自行阅读。

思考题

① 设计中，常采用图算法进行外压容器的设计，其中图算法中 A、B 的意义及其曲线来源是什么？

② 请思考图算法和公式计算的异同，并说明两种方法在处理问题时的优缺点。

[1] 1bar＝100kPa。

实验五
法兰连接密封特性和超压泄放能力实验

一、实验预备知识与能力

本实验开展压力容器法兰连接密封特性和超压泄放能力测定与分析。要求在实验前具备下述知识与能力，方可进行实验。

① 掌握压力容器防超压安全泄放基本原理；

② 了解常见的压力容器泄放装置及其结构特点；

③ 了解法兰连接结构、密封原理与密封形式；

④ 了解主要垫片材料，能够根据特定工况选择合适的法兰结构与垫片。

二、实验教学目标

本实验属验证型实验，要求在教师指导下进行。实验教学目标包括：

① 掌握压力设备容器超压安全泄放基本原理；

② 掌握压力容器法兰连接结构、密封原理与密封形式；

③ 能够自主完成对安全泄放装置的泄放能力以及管法兰用垫片密封性能的测定。

三、实验方案设计与实施

1. 实验概况

本实验概况如表 5-1 所示。

表 5-1　压力容器安全泄放及垫片密封实验概况

实验类别	验证型实验	
实验标准	国家标准:GB/T 150—2011《压力容器》 国家标准:TSG 21—2016《固定式压力容器安全技术监察规程》 国家标准:GB/T 9126—2008《管法兰用非金属平垫片　尺寸》 国家标准:GB/T 9124—2019《钢制管法兰》 国家标准:GB/T 567—2012《爆破片安全装置》 国家标准:GB/T 12241—2021《安全阀　一般要求》	
实验装置	(a) 弹簧式安全阀实验测试装置	力学性能实验测试装置由仪表显示控制台、压力传感器、管板流量计、计算机及泵组成 安全阀:带扳手微启式安全阀 A27W-1.6P(公称直径 15mm;整定压力 0.5MPa;回座压力 0.45MPa) 封闭微启式安全阀 A21W-1.6P(公称直径 15mm;整定压力:0.5MPa;回座压力 0.45MPa) 爆破片:铝箔材
	(b) 管法兰用垫片实验装置	管法兰用垫片实验装置由垫片加载系统、介质供给系统、测漏系统及实验法兰等部件组成 实验法兰采用模拟法兰,密封面为平面。实验时将垫片放在上下两个对中的法兰之间,然后用千斤顶油压机将两个法兰压紧,使管法兰用垫片受压变形来实现垫片密封 本实验检测管法兰用垫片密封性能,采用石棉橡胶或聚四氟乙烯垫片做试件

续表

实验类别	验证型实验
实验室安全	① 安全泄放实验加压时缓慢增加压力，关注压力表示数，防止安全阀失效引发容器超压 ② 安全泄放实验结束后泄压 ③ 进行爆破片实验时，必须安装隔离罩，实验人员必须在隔离线之外 ④ 紧固法兰螺栓时预防夹手与扳手伤人

2. 实验原理

(1) 压力容器安全泄放实验原理

压力容器防超压安全泄放，是指容器内一旦发生超压，容器的预定部位会立即敞开一条泄放通道，将造成超压的“多余”能量或物料排放到容器以外的安全处，使容器内的压力始终保持在某一规定值以内，从而避免容器因超压造成过度塑性变形甚至破裂。

其工作原理为：容器在正常操作情况下压力一直维持在 P_w 以下。当压力超过 P_w 并迅速增加时，安全泄放装置会在 P_z 压力下发生动作，敞开一条泄放通道，使容器内的压力始终保持在 P_d 值以内或不超过 P_d 值，如图 5-1 所示。

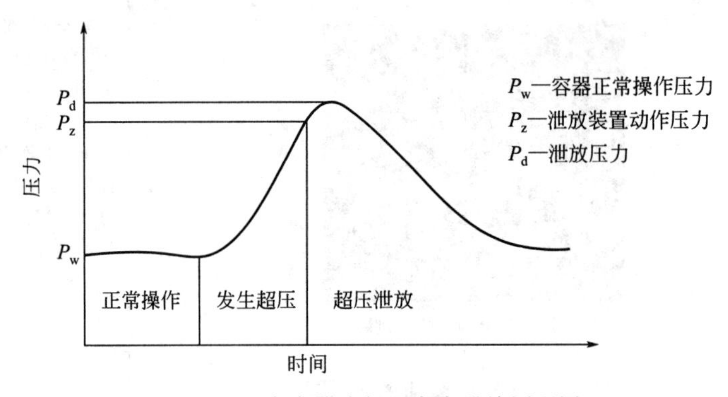

图 5-1 压力容器防超压安全泄放原理图

常见的安全泄放装置有安全阀、爆破片和易熔塞等三种。

① 安全阀 安全阀是启闭件受外力作用下处于常闭状态，当设备或管道内的介质压力超过规定值时，通过向系统外排放介质来防止管道或设备内介质压力超过规定数值的特殊阀门。安全阀属于自动阀类，主要用于锅炉、压力容器和管道上，对人身安全和设备运行起重要保护作用。安全阀必须经过压力实验才能使用。安全阀主要由密封结构和加载机构组成，它由进口侧流体介质推动阀盘开启，泄压后自动关闭，图 5-2 为安全阀分类，文本主要讨论弹簧式安全阀，其结构如图 5-3 所示。

安全阀的工作过程大致分为四个阶段，即正常工作阶段、临界开启阶段、连续排放阶段和回座阶段，其动作过程如图 5-4 所示。

安全阀的理论排量 W_t 为

$$W_t = 5.09A\sqrt{\rho(P-P_2)} \tag{5-1}$$

$$A = \pi d_c h, h = d_c/40 \tag{5-2}$$

式中 d_c——安全阀进口处流道直径，$d_c = 12\text{mm}$；

A——安全阀流道面积，mm^2；

ρ——液体的密度，kg/m^3（介质：水，$\rho=1000kg/m^3$）；

P——安全阀进口绝对压力，MPa，取实验排放压力；

P_2——安全阀出口绝对压力，$P_2=0.1013MPa$。

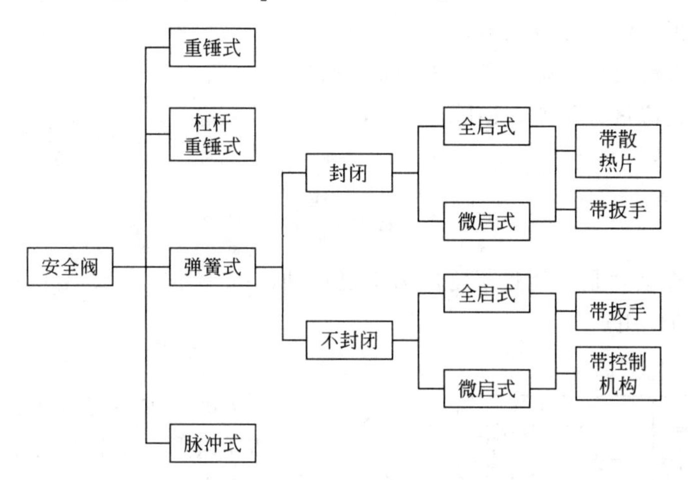

图 5-2　安全阀分类

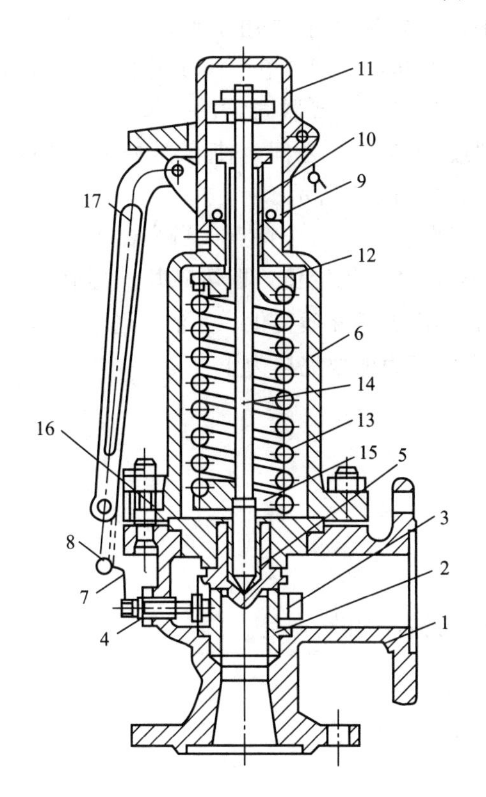

图 5-3　弹簧式安全阀结构简图

1—阀体；2—阀座；3—调节齿轮；4—止动螺钉；5—阀盘；6—阀盖；7—铁丝；8—铅封；9—锁紧螺母；10—调节套筒螺栓；11—安全罩；12，15—弹簧座；13—弹簧；14—阀杆；16—导向套；17—扳手

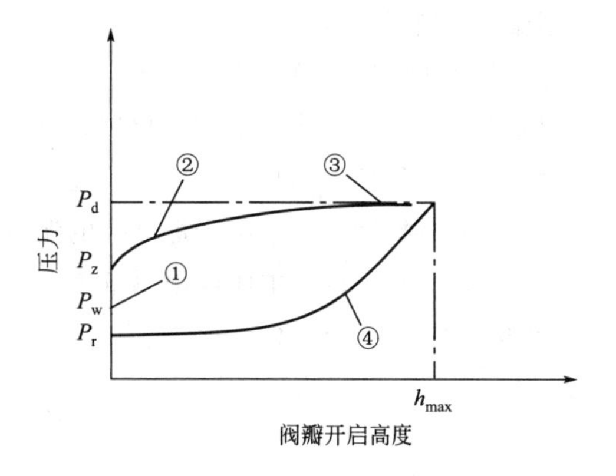

图 5-4　安全阀动作过程曲线

P_z—开启压力；P_d—排放压力；P_r—回座压力；P_w—容器最大工作压力；①—正常工作阶段；②—临界开启阶段；③—连续排放阶段；④—回座阶段

实际排量 W_a 为

$$W_a = C_0 \frac{\pi d_0^2}{4}\sqrt{2\Delta P\rho} \tag{5-3}$$

式中 C_0——孔板流量计孔流系数，$C_0=0.7$；

d_0——孔板流量计孔板直径，$d_0=4\text{mm}$；

ΔP——孔板流量计压差，MPa。

排量系数 K_d 为

$$K_d = \frac{W_a}{W_t} \tag{5-4}$$

② 爆破片　爆破片是在超过规定压力下迅速动作的一种压力敏感元件，用于封闭容器，起控制爆破压力的作用。

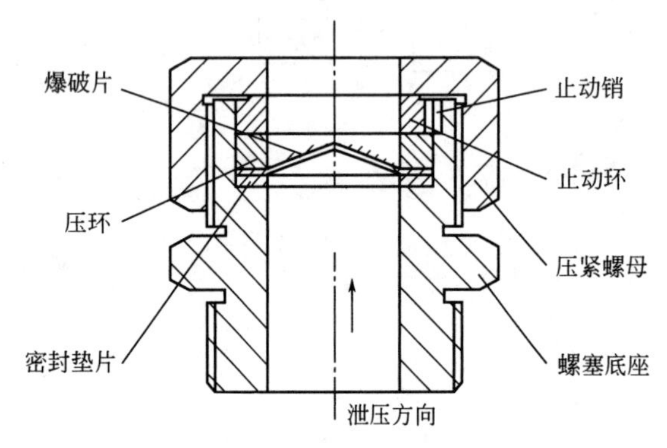

图 5-5　低温储槽爆破片

爆破片主要有三种，即平板形、正拱形和反拱形。平板形爆破片若为圆形平板时，通常在平板表面上开有沟槽或窄缝。平板形爆破片主要用于低压和超低压工况，尤其是大型料仓。爆破片使用时由与自身相配的夹持器固定，一起被夹持在容器或管道法兰之间，使容器处于封闭状态，如图 5-5 所示。

爆破片的动作特点：当容器内的压力上升至某一规定值，即爆破片的爆破压力时，爆破片便立即动作，金属薄片破裂或脱落，为容器内超压介质提供一条泄放通道。爆破片一旦爆破，泄放口径便无法自行封闭，直到容器内的压力泄放完毕为止。

爆破片安装位置：

ⅰ. 直接向大气排放；

ⅱ. 离承压设备本体的距离不超过 8 倍的管径；

ⅲ. 泄放管径长度不超过 5 倍的管径；

ⅳ. 上下游接管口径不小于爆破片的泄放口径；

ⅴ. 安装在承压设备本体或附属管道上，靠近承压设备的压力源处。

爆破压力估算（正拱型）公式为

$$P_b = K_b \frac{S_0}{d} \tag{5-5}$$

式中 P_b——爆破片的设计爆破压力，MPa；

S_0——爆破片箔材的初始厚度，mm；

d——爆破的泄放直径，无夹持器时取夹爆破片的上下法兰管道最小口径，mm；

K_b——爆破系数，铝箔材的爆破系数为 220MPa。

理论泄放能力为

$$W = 5.1\lambda\zeta A\sqrt{\rho\Delta P} \tag{5-6}$$

式中　λ——额定泄放系数，$\lambda=0.62$；

ξ——黏度校正系数，对于水，$\xi=1$；

A——爆破时的泄放面积，mm^2；

ρ——液体的密度，kg/m^3。

ΔP 为爆破片超压爆破时，受压侧与泄放侧的压差，若泄放侧为常压，取爆破片的实验爆破压力，MPa。

(2) 管法兰垫片密封实验原理

管法兰用垫片靠外力压紧而产生弹性变形，从而填满法兰面上微小的凹凸不平来实现密封，如图 5-6 所示。如果压力太小，会因垫片没有压紧而产生泄漏；但压紧力太大，又会使垫片产生过大的压缩变形甚至破坏。

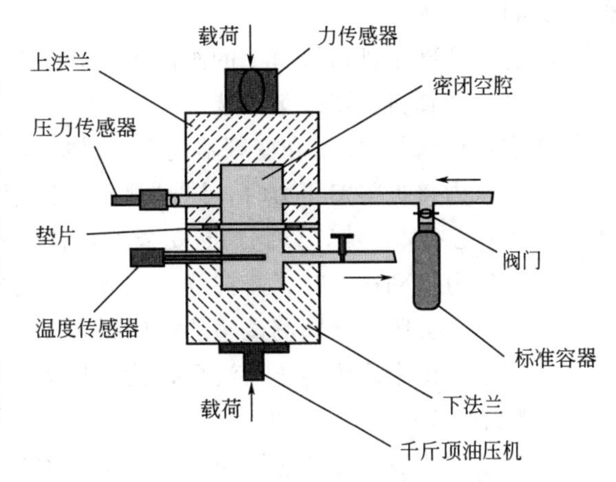

图 5-6　管法兰密封实验原理图

为了正确使用垫片，必须采用合适的预紧密封比压，以保证管法兰用垫片紧密封。

常见的管法兰用垫片有石棉橡胶垫片、聚四氟乙烯垫片和齿形金属垫片等，主要用于管道与容器或设备壳体接合面的静密封。在使用时一定要根据法兰使用压力和温度以及管道中流经的介质来选择。

管法兰用垫片的密封性能通常用泄漏率来度量。本实验中管法兰用垫片的泄漏率测量采用压降法，泄漏率计算基于理想气体定律，其泄漏率计算公式为

$$L_v=\frac{T_{st}V_s}{P_{st}t}\left(\frac{P_3}{T_3}-\frac{P_4}{T_4}\right) \tag{5-7}$$

$$V_s=V_B\left(\frac{P_b-P_B}{P_s-P_b}\right) \tag{5-8}$$

式中　L_v——体积泄漏率，cm^3/s；

P_{st}——标准状况下大气压力，$P_{st}=0.101325$MPa；

T_{st}——标准状况下大气绝对温度，$T_{st}=273$K；

P_3，P_4——测漏开始、结束时密封空腔内的绝对压力，MPa；

T_3，T_4——测漏开始、结束时密封空腔内的绝对温度，K；

t——测漏时间，s；

V_s——密封空腔的容积，cm^3；

V_B——标准容器的容积，实验用标定容器 $V_B=573.32cm^3$；

P_B——标准容器中的初始绝对压力，$P_B=0.1013$MPa；

P_s——密封空腔中导入的实验介质的绝对压力，MPa；

P_b——标准容器与密封空腔连通后的绝对压力，MPa。

3. 实验实施

(1) 安全阀实验操作步骤

① 打开实验装置控制台总电源通电，检查压力传感器、孔板流量计的信号是否正常，检查安全阀测试罐是否注满水；

② 按表 5-1 中图（a）所示，打开安全阀测试罐的进口阀 VA126、被测试安全阀的进口阀 VA141；

③ 打开柱塞泵进口管道上的阀门 VA109、VA116；

④ 开启计算机数据采集系统；

⑤ 启动柱塞泵 P102 和变频器向测试罐加压（调定变频调速器频率）；

⑥ 当压力接近整定压力时，同时观察测试罐的压力表或控制检测台上智能数显表，观察视窗中有无液体回流，以此判断安全阀开启压力；

⑦ 当压力达到稳定时，需持续 1～2min，测出安全阀排放压力；

⑧ 停泵，关闭安全阀测试罐的进口阀 VA126；

⑨ 观察视窗中液体停止回流后，读出压力表指示值即安全阀回座压力，在计算机上保存实验数据曲线；

⑩ 实验完毕后，打开泄压阀 VA129，将系统压力泄掉。

(2) 爆破片实验操作步骤

① 测量爆破片尺寸；

② 安装爆破片，用法兰及螺栓将爆破片压紧；

③ 按表 5-1 中图（a）所示，打开爆破片进口阀 VA131、VA132；

④ 打开柱塞泵进口管道上的阀门 VA109、VA116；

⑤ 开启计算机数据采集系统；

⑥ 启动柱塞泵 P102 和变频器向安全阀测试罐加压（调定变频调速器频率）；

⑦ 观察容器超压泄放装置的压力表或控制检测台上智能数显表，观察爆破片视窗；

⑧ 当爆破片破裂后立即停泵，关闭爆破片进口阀 VA131、VA132；

⑨ 在计算机上保存实验数据曲线；

⑩ 实验完毕后关闭实验装置各阀，整理好实验现场。

(3) 法兰垫片实验操作步骤

① 按表 5-1 中图（b）所示，打开实验装置控制台总电源通电，检查压力传感器、温度传感器、载荷传感器信号是否正常；关闭阀门 VA136、VA137，打开氮气瓶阀门；用溶剂清洗法兰密封面，安装垫片对中；

② 将千斤顶抬起，对垫片施加预紧应力并达到规定值后旋紧螺钉，此时记录压紧载荷，预紧保持 15min；

③ 打开阀门 VA133、VA134，使标准容器内腔排空；标定测漏空腔的容积，关闭阀门 VA133、VA134；

④ 开启阀门 VA137，缓慢打开阀门 VA136，通入实验介质（氮气），使压力达到规定值压力后，关闭阀门 VA136，记录密封空腔内的压力 P_s；

⑤ 打开阀门 VA134，记录密封空腔内的压力 P_b，计算测漏空腔的容积；

⑥ 重复步骤③、④、⑤标定三次，以三次实验的算术平均值作为测漏空腔的容积；

⑦ 再次开启阀门 VA136，按规定通入实验介质（氮气）。当介质压力达到规定值压力后，关闭阀门 VA136，系统保持 10min；

⑧ 测漏计时开始，分别记录测量起始时间与终止时间所对应密封空腔内的压力和温度，测漏时间持续多久视泄漏率大小而定，通常为 2～10min；

⑨ 实验结束后，关闭氮气瓶阀门，打开排空阀 VA133；

⑩ 旋松千斤顶锁紧螺钉使其回位，取出法兰垫片；关闭实验装置控制台总电源。

四、实验数据与分析

将实验数据填入表 5-2、表 5-3，并进行分析。

表 5-2　测漏空腔容积的标定数据表

材料名称：

测量点数		压紧载荷/t	标定密封腔内压力/MPa		压力平均值/MPa
			第一次	第二次	
1	标定前数据				
	标定后数据				
2	标定前数据				
	标定后数据				
3	标定前数据				
	标定后数据				
4	标定前数据				
	标定后数据				
5	标定前数据				
	标定后数据				

表 5-3　密封腔介质压力与泄漏时间数据表

测量点数		压紧载荷/t	计时时间/s	密封腔压力/MPa	密封腔温度/K
1	开始计时				
	终止计时				
2	开始计时				
	终止计时				
3	开始计时				
	终止计时				
4	开始计时				
	终止计时				
5	开始计时				
	终止计时				

五、实验报告要求与评价

本实验不要求统一格式实验报告，但实验报告中应包括以下内容：

① 进行压力容器安全泄放及垫片密封实验的目的和意义；

② 测定两种微启式安全阀动作性能：开启压力、排放压力、回座压力，获取安全阀动作性能实验曲线，通过实验曲线，叙述安全阀实际工作的全过程，分析安全阀在什么条件下启跳和关闭，实验曲线要求用 Excel 或 Origin 等软件绘制；

③ 实验比较不同厚度平板爆破片，获得爆破片的爆破压力，观察爆破片起爆瞬间的液体泄放现象；

④ 对某一管法兰用垫片不同预紧压力、相同介质压力下的泄漏率进行分析，得到预紧力与泄漏量的关系；

⑤ 分析管法兰用垫片的泄漏量与哪些因素有关，如何提高垫片密封性能。

六、工程能力拓展思考

安全阀与爆破片作为常见的压力容器安全附件，广泛应用于化工设备中，如图 5-7、图 5-8 所示。

(a) 反拱带槽形爆破片装配状态

(b) 反拱带槽形爆破片爆破后状态

图 5-7　焊接结构反拱带槽形爆破片

(a) 反拱带刀形爆破片装配状态

(b) 反拱带刀形爆破片爆破后状态

图 5-8　可拆结构反拱带刀形爆破片

在电力行业，使用耐真空、无泄漏电力设备用特种爆破片系列产品，如 SF6 电流互感器、断路器、GIS 组合电器等；在石油化工行业用的各种爆破片解决了石油化工设备的各种超压安全问题；在食品医药行业，采用符合卫生行业要求的安全、无毒材料生产的特种爆破片，产品具有不积垢、易清洗、高密封，适用于快装卡箍法兰夹持；专为易爆粉尘行业生产的各种形状爆破片——圆形、方形、椭圆、梯形等，具有尺寸大、对急速升压动态响应性好、不积物料等优点；在新能源行业，采用特殊工艺制造的，用于锂电池、风力发电机等新能源设备的特种爆破片；在核电行业，正研发大口径核电行业用爆破片，爆破片采用半圆形结构，周边螺栓夹紧，最大泄压口径可达 2500mm 以上，满足核电及其他行业的大泄放量要求；在低温气体行业，爆破片采用螺纹、焊接等夹持结构，产品具有安装方便、耐低温无泄漏等优点，满足特殊行业要求，另有特殊工艺制造的耐低温泄压阀，可用于−196℃。

思考题

① 比较安全阀和爆破片动作特点和泄放能力，说明安全阀和爆破片有何用途?

② 爆破片开缝与刻槽的目的是什么?

实验六
无损检测实验

一、实验预备知识与能力

所谓无损检测是指在不损伤构件性能和完整性的前提下，检测构件金属的某些物理性能和组织状态，并查明构件金属表面和内部各种缺陷的技术。要求在实验前具备下述知识与能力，方可进行实验。

① 掌握各种典型无损检测技术的原理；

② 掌握各种典型无损检测技术的适用范围。

二、实验教学目标

本实验属验证型实验，要求在教师指导下独立进行。实验教学目标包括：

① 了解无损检测技术在装备制造中的重要意义；

② 学会针对不同检测要求，确定相应的检测技术；

③ 掌握一种或几种无损检测技术；

④ 掌握无损检测结果的分析与评价。

三、实验方案设计与实施

1. 实验概况

本实验概况如表 6-1 所示。

表 6-1　无损检测实验概况

实验类别	验证型实验
相关标准	无损检测技术标准：NB/T 47013《承压设备无损检测》
实验装置	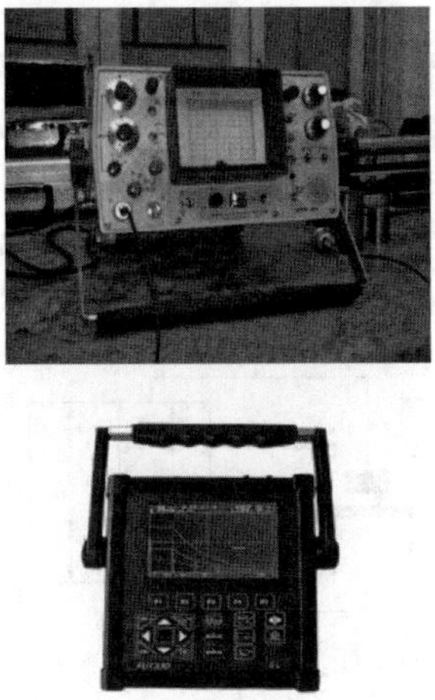 (a) 模拟型与数字型探伤仪 电气适配器 阻尼块 晶片 保护膜 探头线 外壳 电气适配器 吸收块 插头 阻尼块 晶片 延迟块 纵波 α_{T2} 横波 (b) 直探头与斜探头 (c) 磁粉探伤直流电源 (d) 磁粉探伤探头 DPT-5 DPT-5 DPT-5 DYE PENETRANT INSPECTION MATERIALS REMOVER 渗透剂 清洗剂 (e) 渗透探伤用试剂 (f) 渗透探伤试件
实验室安全	① 注意避免试件砸伤 ② 注意操作仪器安全

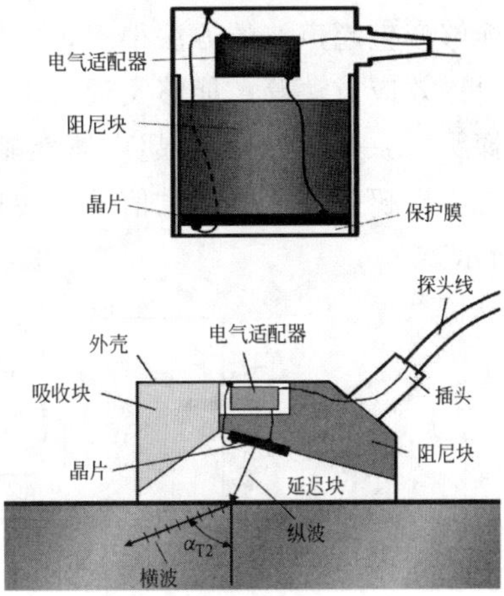

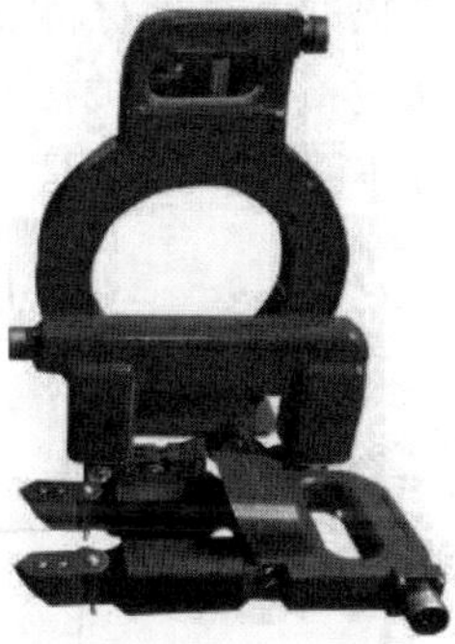

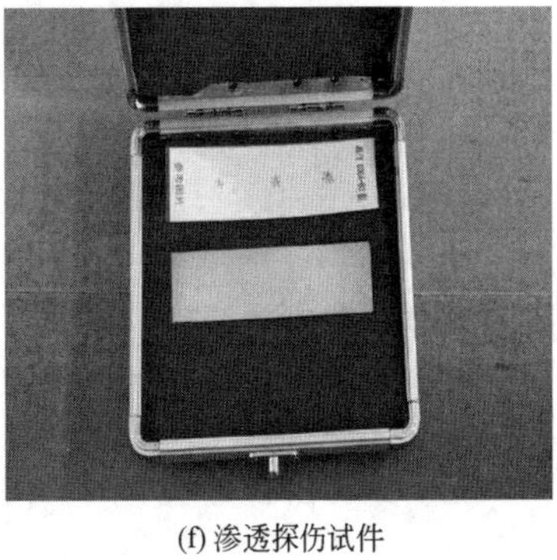

2. 实验原理

“超声波”无损检测是应用最广泛的一种无损检测方法，它是一种频率在 22kHz 以上，人耳听不到的高频声波。它在介质中传播有一定的方向性，在不同的介质界面，具有反射或折射的特点；在固定的介质中传播有恒定的速度。

能够产生超声波的方法很多，常用的有压电效应方法、磁致伸缩效应方法、静电效应方法和电磁效应方法等。能够实现超声能量与其他形式能量转换的器件称为超声波换能器，俗称“探头”。一般情况下，超声波换能器既能用于发射又能用于接收。在本实验中，采用压电效应实现超声波信号和电信号的转换与超声波的发射和接收，即压电换能器，其原理如图 6-1 所示。

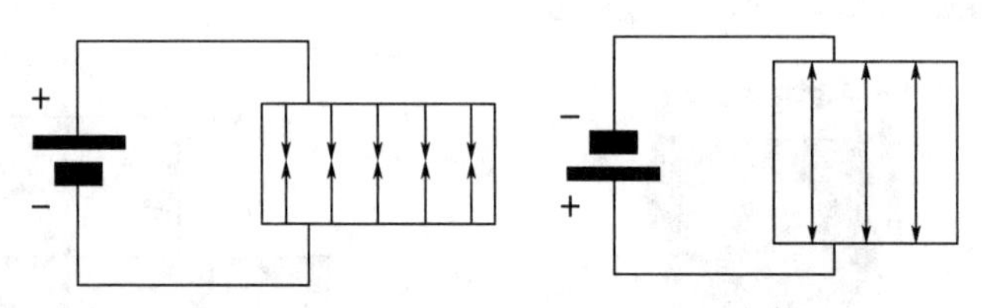

图 6-1　压电效应超声波发生原理图

进行超声检测时，首先利用振源产生超声波，采用一定的方式使超声波进入试件，超声波在试件中传播并与试件材料及其中的缺陷相互作用，使其传播方向或特征发生改变，改变后的超声波通过检测设备被接收，检测设备对其进行处理和分析，根据接收的超声波的特征，评估试件本身及其内部是否存在缺陷及缺陷的特性。直探头与斜探头检测时的信息显示，如图 6-2 所示。

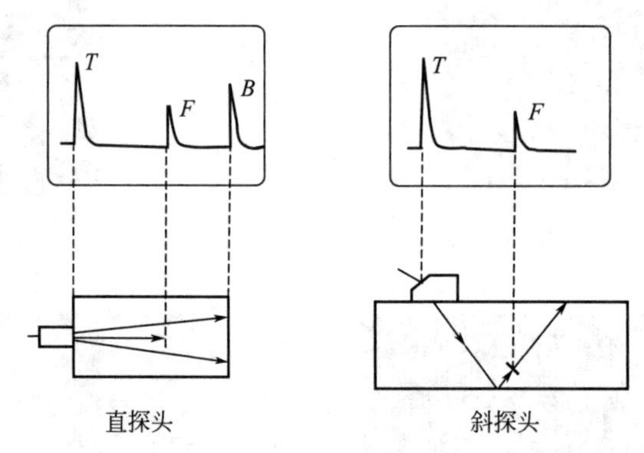

图 6-2　直探头与斜探头检测时的信息显示

磁粉检测，是通过磁粉在缺陷附近漏磁场中的堆积以检测铁磁性材料表面或近表面处缺陷的一种无损检测方法，如图 6-3 所示。其基本原理是铁磁性材料和工件被磁化后，由于不连续性的存在，使工件表面和近表面的磁力线发生局部畸变而产生漏磁场，吸附施加在工件表面的磁粉，形成在合适光照下目视可见的磁痕，从而显示出不连续性的位置、形状和大小。

渗透检测，在零件表面施涂含有荧光染料或着色染料的渗透液后［图 6-4(a)］，在毛细管作用下，经过一段时间，渗透液可以渗透进表面开口缺陷中。去除零件表面多余的渗透液后［图 6-4(b)、(c)］，再在零件表面施涂显像剂［图 6-4(d)］，同样在毛细管的作用下，显

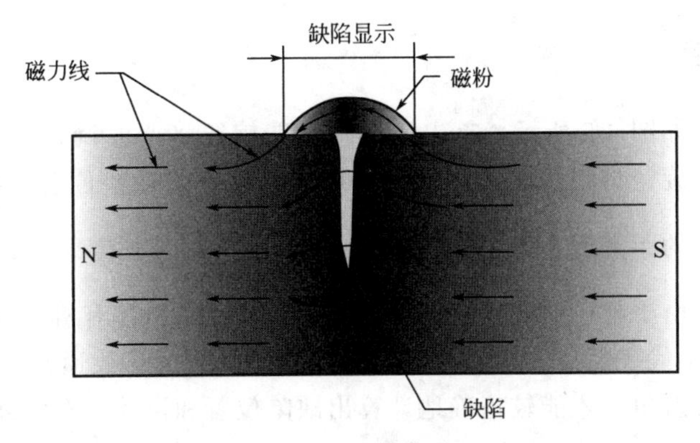

图 6-3　磁粉检测

像剂将吸引缺陷中保留的渗透液，渗透液回渗到显像剂中，在一定的光源下（紫外线光或白光），缺陷处的渗透液痕迹显现（黄绿色荧光或鲜艳红色）[图 6-4(e)]，从而探测出缺陷的形貌及分布状态，原理如图 6-4 所示。

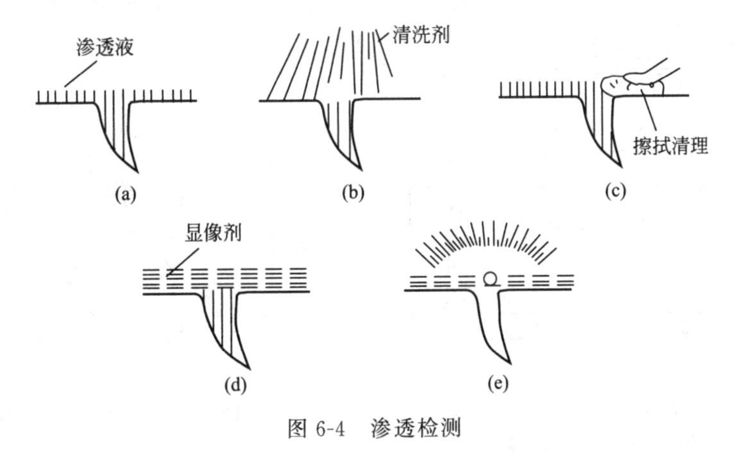

图 6-4　渗透检测

3. 实验实施

超声检测：进行无损检测实验，首先根据工件形状、检测要求、缺陷特点等，拟定检测方案，检测方法是保证检测效果的重要环节。其次，对工件表面进行处理，工件表面不允许有锈蚀、斑点、氧化层、油漆等污物，表面粗糙易磨损探头，还易出现杂波，影响探伤效果。探头与工件之间要涂耦合剂，排除空气层，使超声波较多地传给工件，减少损失。通常用的耦合剂是机油和水。粗糙度在 0.2 以上为佳。然后确定工作频率，频率的选择是由被探工件的尺寸和材料性质决定的。对粗晶粒（如铸铁）或尺寸大的工件，应选择低频率，反之应选用较高的频率。频率高，探伤灵敏度高，方向性好，分辨力强；但是频率高，穿透力降低，盲区大。最后调节超声波探伤仪的灵敏度，调整合适后即可进行检测工作。

磁粉检测与渗透检测可以在实验老师的指导下进行操作实施。

四、实验数据与分析

以超声检测为例，检测中所发现的缺陷，其尺寸及位置确定方法如下。

1. 缺陷位置的确定

直探头探伤时，如图 6-5 所示，首先用“水平”旋钮将始波调在荧光屏刻度 R 的“0”位置，再用“微调”旋钮将底拨调到“N”（10 或 9、8 都可以）位置。如果伤波出现“X”位，则缺陷离探测面的距离为 $H=\frac{X}{N}L$，单位 mm，L 为工件长度。

斜探头探伤时，由于超声波在入射到工件之前经过探头斜楔有机玻璃，因此荧光屏上发射波的“0”位，并不代表超声波开始入射到工件的起始时间。故通常需要进行零位校正及确定探头入射点和折射角，才能较正确地计算出缺陷位置和尺寸。在实际生产中多采用“板边法”或“简易定位法”对缺陷定位。

简易定位无须校正零位，如图 6-6 所示。其特点是将超声波在斜楔中的传播 L_0 折算成横波在钢中的传播 L_1，$L_1=1.2L_0\sin\beta$。入射角 α 在 40°～50°之间时，$L_1=L_0$。探头入射点至探头前沿的距离为 L_2，将 L_0+L_2 的值作为一个常数，再调整仪器就可知道缺陷位置。

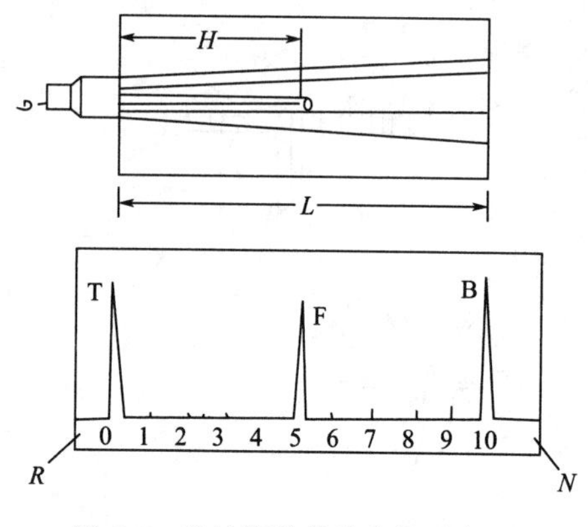

图 6-5　纵波探伤缺陷定位示意图

T—始波；B—底波；F—缺陷波

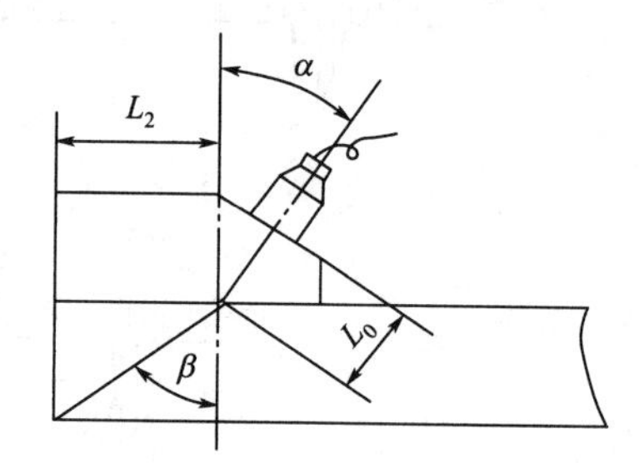

图 6-6　简易定位法示意图

2. 缺陷尺寸的确定

缺陷尺寸一般是根据荧光屏上缺陷波的高度确定，常用当量直径或当量面积来表示。当量直径或当量面积是指实际缺陷相当于试块人工缺陷的某一直径或面积而言。此法只用于测定小于声（探头）截面积的缺陷。

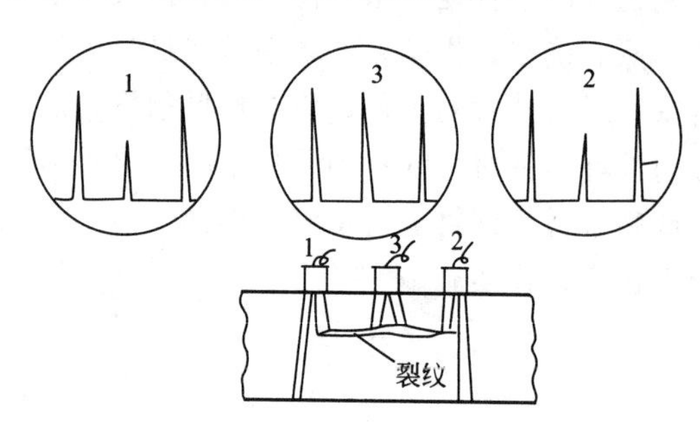

图 6-7　半波高度法示意图

对条状缺陷的长度或大面积缺陷，采用半波高度法确定。如图 6-7 所示，首先找出缺陷波最高时探头的位置。然后向各方向移动探头找出缺陷波为最高波的一半时探头中心所对应的 2 位置。这个位置即为条状缺陷的端点，或大面积缺陷的缺陷边缘；探头中心所对应约两个位置即为条状缺陷的长度。探头中心移动的轨迹即为缺陷的面积。

五、实验报告要求与评价

本实验不要求统一格式实验报告，但实验报告中应包括以下内容：

① 检测设备和检测试件实验照片；

② 检测原理叙述，检测方案设计；

③ 检测实验数据，进行数据分析；

④ 提交检测报告一份；

⑤ 列出主要实验结论；

⑥ 工程能力拓展思考，列出主要参考文献。

六、工程能力拓展思考

查阅资料，阅读了解常规无损检测与非常规无损检测（表6-2），简述非常规无损检测方法。

表6-2　无损检测方法

常规无损检测方法	非常规无损检测方法
(1)目视检测（visual testing,VT) (2)超声检测(ultrasonic testing,UT) (3)射线检测(radiographic testing,RT) (4)磁粉检测(magnetic particle testing,MT) (5)渗透检验(penetrant testing,PT)	(1)声发射(acoustic emission,AE) (2)涡流检测(eddy current testing,ET) (3)泄漏检测(leak testing,LT) (4)衍射波时差法超声检测技术(time of flight diffraction,ToFD) (5)导波检测(guided wave testing)

实验七
化工设备轴系特性实验

一、实验预备知识与能力

轴系的稳定是过程流体机械（如泵、压缩机、汽轮机等）设备安全运行的首要条件。本实验包括主轴临界转速实测与核算、转子动平衡特性测试分析两方面内容，要求在实验前具备下述知识与能力，方可进行实验。

① 掌握材料力学基本概念及轴的扭转、弯曲相关的计算方法；

② 掌握轴截面图形的几何性质；

③ 了解机械振动以及动平衡概念；

④ 了解转子动平衡的标准。

二、实验教学目标

本实验属综合型实验，要求在教师指导下自主设计部分实验。实验教学目标：

① 对特定系统固有频率进行测定，对影响临界转速的因素进行研究分析；

② 了解临界转速的计算方法；

③ 掌握三点试重法转子动平衡实验原理。

三、实验方案设计与实施

1. 实验概况

本实验概况如表 7-1 所示。

表 7-1　化工设备轴系特性实验概况

实验类别	综合型实验
实验标准	国际标准:ISO 1940－1《机械振动—恒定状态下转子动平衡要求》 国家标准:GB/T 6444—2008《机械振动 平衡词汇》 国家标准:GB/T 11348《机械振动 在旋转轴上测量评价机器的振动》
实验装置一： 主轴临界转速台	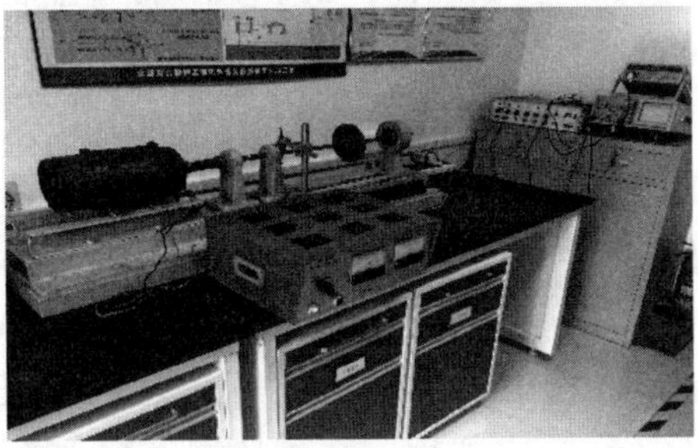 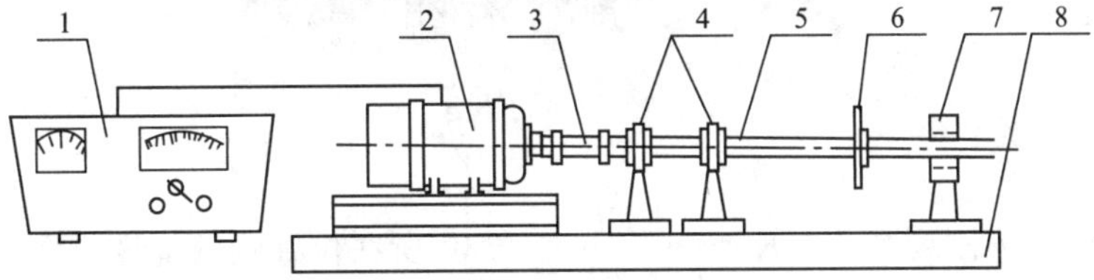 1—可控硅直流电源；2—直流电机；3—挠性联轴节；4—滚动轴承；5—轴（$\phi15\times800$）； 6—转子（1.42kg）；7—限制器；8—底座
实验装置二： 转子动平衡测试台	  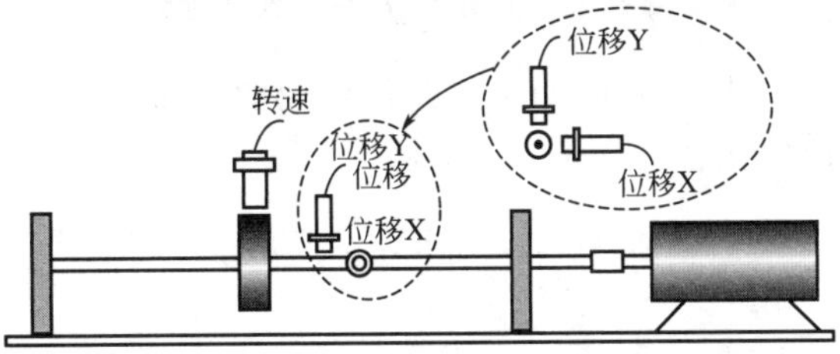 非接触位移传感器2只，转速传感器1只，实验数据采集仪1台
实验室安全	① 注意用电安全,防止触电,不要接触强电线圈 ② 女生扎好头发,不要靠近转动部件,防止头发卷入 ③ 转子高速旋转时挡板必须安装到位,防止人与转轴接触

2. 实验原理

(1) 轴的临界转速测量及计算方法

由于轴的转动，使轴产生一定频率的振动，当这个频率等于该系统的固有频率时，就发生共振，轴在此时的振幅最大，这时的转速称为临界转速。因此，求轴的临界转速，其实质就是求该系统的固有频率。

① 将系统简化为简支、一端外伸、单转子系统（忽略轴自重和转子的回转效应），如图 7-1 所示。假设转子重量为 W(N)，支承间距 b(m)，转子距轴承 a(m)，其固有频率计算如下。

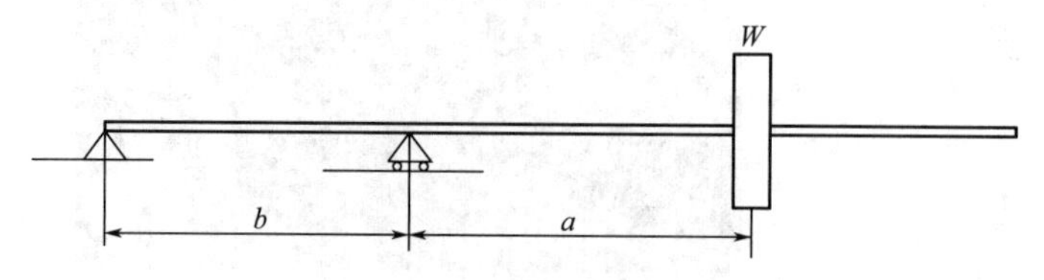

图 7-1 简化计算模型 A

固有角频率
$$\overline{\omega}_1=\sqrt{\frac{Kg}{W}}\quad (\mathrm{rad/s}) \tag{7-1}$$

其中 K 为刚度系数，$K=\frac{3EI}{(a+b)a^2}$ 与 W 所在位置轴的挠度成倒数关系。

固有频率
$$f_1=\frac{\overline{\omega}_1}{2\pi}=\frac{1}{2\pi}\sqrt{\frac{Kg}{W}}\quad (\mathrm{Hz}) \tag{7-2}$$

转速
$$n_1=60\mathrm{f}_1=\frac{30\overline{\omega}_1}{\pi}=\frac{30}{\pi}\sqrt{\frac{Kg}{W}}\quad (\mathrm{r/min}) \tag{7-3}$$

② 考虑简支、一端外伸考虑轴自重的固有频率计算（无转子），如图 7-2 所示。

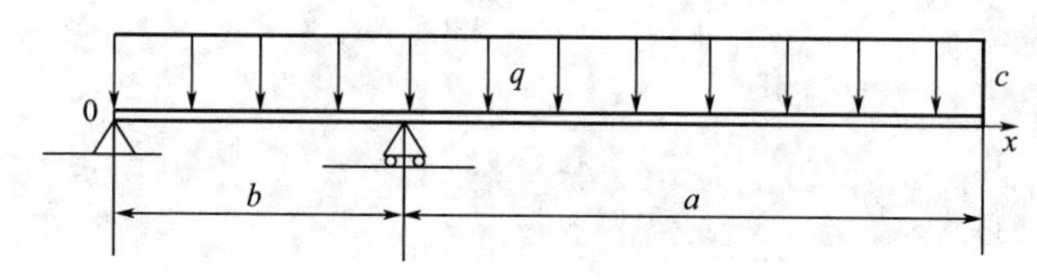

图 7-2 简化计算模型 B

根据能量法（瑞利法），用一当量载荷代替轴的均布载荷，并将其加在轴端 c 上，其中振动曲线用静挠度曲线代替，其表达式为

$$y_1=y_c\frac{1}{2ba(a+l)}(x^3-b^2x)\qquad 0\leqslant x\leqslant b \tag{7-4}$$

$$y_2=y_c\frac{1}{2ba(a+b)}\left[x^3-\frac{a+b}{a}(x-b)^3-b^2x\right]\qquad b\leqslant x\leqslant b+a \tag{7-5}$$

其最大动能为

$$E_{\mathrm{k,max}}=\frac{1}{2}\frac{q}{g}\dot{y}_c^2\int_0^b\left(\frac{1}{2la(a+b)}\right)^2(x^3-b^2x)^2\mathrm{d}x+$$
$$\frac{1}{2}\frac{q}{g}\dot{y}_c^2\int_l^{a+b}\left[\frac{1}{2ba(a+b)}\right]^2\left[x^3-\frac{(a+b)}{a}(x-b)^3-b^2x\right]^2\mathrm{d}x \tag{7-6}$$

当 $a=61\text{cm}$ ，$b=13\text{cm}$ 时

$$E_k=\frac{1}{2}\times 1.185\frac{bq}{g}\dot{y}_c^2 \tag{7-7}$$

当量重量 $w_c=1.185qb$，随着支撑间距的变化而变化，当量重量 w_1 也不断变化。同理按照式（7-1）～式(7-3) 可以求得 $\overline{\omega}_c$。

③ 单转子、考虑轴自重（不考虑转子的回转效应）的固有角频率计算，按照累加法(邓克莱法)，系统最低共振频率

$$\frac{1}{\overline{\omega}_{nL}^2}=\frac{1}{\overline{\omega}_1^2}+\frac{1}{\overline{\omega}_c^2} \quad (\text{rad/s}) \tag{7-8}$$

(2) 三点试重法转子动平衡（正三角法）

三点试重法动平衡实验，通过在三个角度施加相同质量配重，无须测量相位信息，即可求出不平衡量的大小与相位。

假设转子上有一不平衡量 m，首先设定一固定点为初始测点，在固定转速下设振动量为 S_0，故有

$$K\sqrt{m_x^2+m_y^2}=S_0 \tag{7-9}$$

式中，K 为比例系数。

在初始测点即 $\alpha=0°$处加试块 M，重新启动转子，测得振动量为 S_1，则

$$K\sqrt{(m_x+M)^2+m_y^2}=S_1 \tag{7-10}$$

同理，在 $\alpha=120°$和 $\alpha=-120°$两次增加试块 M，启动转子，测得振动量为 S_2 及 S_3

$$K\sqrt{\left(m_x-\frac{1}{2}M\right)^2+\left(m_y+\frac{\sqrt{3}}{2}M\right)^2}=S_2 \tag{7-11}$$

$$K\sqrt{\left(m_x-\frac{1}{2}M\right)^2+\left(m_y-\frac{\sqrt{3}}{2}M\right)^2}=S_3 \tag{7-12}$$

联立求解式（7-9）～式(7-12)，即可求得不平衡量。

3. 实验实施

(1) 实测临界转速

通过改变调速装置的输出电压，从而改变电机的转速，记录在升速和降速过程中最大振动时的转速值。用转速表或测速仪直接测量，三次求平均值。

(2) 测定轴的固有频率

在轴不转动的情况下，轻轻敲击轴端。此时产生振动的频率即为该轴的固有频率，测定时将 CD-8-F 型非接触式传感器垂直于轴，尽量靠近轴承处，与轴留有一定间隙安装固定。敲击轴端，将自由振动转换成电信号，将这一电信号送入 GZZ 型六线测振仪进行信号放大，经输出检孔送出信号，将信号送至示波器的 x（或 y）轴，由声频信号发生器发出已知频率的信号，送至示波器的另一轴上。调节声频直到示波器的荧光屏上出现稳定的利萨如图形为

止，利萨如图形一般如图 7-3 所示。当轴的固有频率和可调节的声频发生器的频率一致时利萨如图形是直线或者圆。

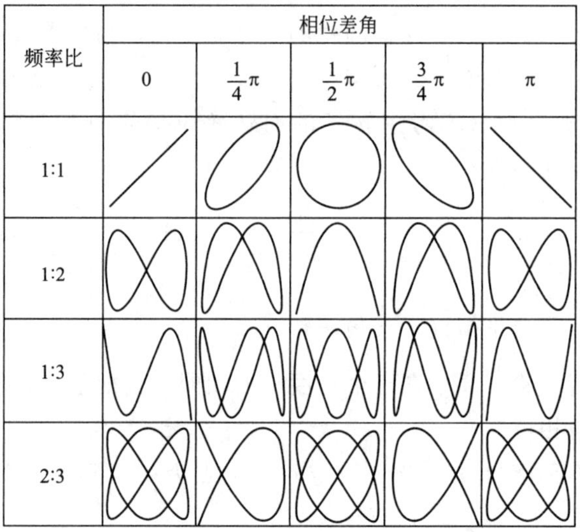

频率比	相位差角				
	0	$\frac{1}{4}\pi$	$\frac{1}{2}\pi$	$\frac{3}{4}\pi$	π
1:1					
1:2					
1:3					
2:3					

图 7-3　利萨如图形

(3) 高速台临界转速测试

① 连接并检查好实验仪器，确保油壶内存有少量油。

② 装非接触传感器和转速传感器，调节非接触传感器初始位置（距轴 1mm），检测连接是否正常。

③ 通电源，启动软件，匀速增加转速，观察信号的变化，位移由小变大再变小，同时记录位移最大时刻的转速值。注意：在到达临界转速的时候要迅速通过，避免对仪器造成不必要的损伤。

④ 开启软件部分，匀速升至大约 2 倍一阶临界转速，观察轴心轨迹，直至出现油膜振荡现象为止。

(4) 三点试重法转子动平衡

① 连接并检查好实验仪器，确保油壶内存有少量油。

② 运行三点试重法单面动平衡实验软件，学生对偏重位置进行自行设置并填写初始条件，点击开始测试，启动转子台，建议转速控制在 600～800 转，记录转速，点击“不加试重时振动量”，待系统记录数据后，停止转动。

③ 对初始位置进行自行设计，与此同时对添加配重也自行调配，启动转子台，调节转速等于记录值，点击“第一次配重时振动量”，此时系统记录第二次振动数据。

④ 同理分别测量 120°以及－120°时的振动量，然后自行计算或者用系统计算转子当前的不平衡量。

⑤ 依据结果，挑选适当的配重添加在所示相位处，在相同转速下再次测量，则可以计算出平衡后减小的不平衡量。

四、实验数据与分析

① 对多次实验的系统记录数据进行整理；
② 剔除误差较大的数据后，对多次实验中的不平衡量进行计算；
③ 将不平衡的计算量与系统计算的不平衡量进行比对；
④ 对实验数据误差以及引起两种计算结果不同的误差进行分析。

五、实验报告要求与评价

本实验不要求统一格式实验报告，但实验报告中应包括以下内容：
① 所有实验结果，以列表的形式给出；
② 给出实验系统轴的临界转速计算过程以及实验数据处理结果，实验数据要求进行误差分析，实验曲线要求用 Excel 或 Origin 等软件绘制；
③ 分析影响轴临界转速的因素以及各个参数的影响规律；
④ 给出转子动平衡测试设计方案，分析转子偏心的危害；
⑤ 说明刚性轴与柔性轴区别，并说明在工程中应如何选择；
⑥ 完成工程拓展思考题，列出主要参考文献。

六、工程能力拓展思考

考虑到技术的先进性和经济的合理性，国际标准化组织（ISO）于 1940 年制定了 ISO 1940，它将转子平衡等级分为 11 个级别，每个级别间以 2.5 倍为增量，要求最高为 G0.4，最低为 G4000，单位 g·mm/kg，代表不平衡对于转子轴心的偏心距离，具体见表 7-2。

表 7-2　不平衡等级划分

G4000	具有单数个气缸的刚性安装的低速船用柴油机的曲轴驱动件
G1600	刚性安装的大型二冲程发动机的曲轴驱动件
G630	刚性安装的大型四冲程发动机的曲轴驱动件 弹性安装的船用柴油机的曲轴驱动件
G250	刚性安装的高速四缸柴油机的曲轴驱动件
G100	六缸和多缸高速柴油机的曲轴传动件；汽车、货车和机车用的发动机整机
G40	汽车车轮、轮毂、车轮整体、传动轴，弹性安装的六缸和多缸高速四冲程发动机的曲轴驱动件
G16	特殊要求的驱动轴（螺旋桨、万向节传动轴）；粉碎机的零件；农业机械的零件；汽车发动机的个别零件；特殊要求的六缸和多缸发动机的曲轴驱动件
G6.3	商船、海轮的主涡轮机的齿轮；高速分离机的鼓轮；风扇；航空燃气涡轮机的转子部件；泵的叶轮；机床及一般机器零件；普通电机转子；特殊要求的发动机的个别零件
G2.5	燃气和蒸汽涡轮；机床驱动件；特殊要求的中型和大型电机转子；小电机转子；涡轮泵
G1	磁带录音机及电唱机、CD、DVD 的驱动件；磨床驱动件；特殊要求的小型电枢
G0.4	精密磨床的主轴；电机转子；陀螺仪

其计算方法为

$$m_{per}=MG\frac{60}{2\pi rn}\times 1000 \tag{7-13}$$

式中 m_{per}——允许不平衡量，g；

M——转子自身重量，kg；

G——转子平衡精度等级，mm/s；

r——校正半径，mm；

n——转子转速，r/min。

思考题

某电机转子重量为0.2kg，转子转速为3000r/min，校正半径为20mm，则该转子的允许不平衡量为多少？双面校正或者单面校正，给出原因。

实验八
化工设备振动特性实验

一、实验预备知识与能力

化工设备在实际运行中难免遇到结构动力学问题，比如管壳式换热器流致振动引发换热管失效问题、地震载荷引起塔器结构破坏问题等。化工设备的结构动力学问题与静载荷问题不同，主要体现于两个方面：第一，结构动力学问题具有随时间变化的性质，由于载荷随时间变化，化工设备的动力学问题不像静力学问题一样存在单一解，而是必须建立相应于反应过程全部时间的一系列解答。第二，在动力问题中会存在加速度，加速度的存在会产生与之反向的"惯性力"作用在结构上，它是化工设备结构动力学问题与静力学问题区别的重要特征。

本实验基于结构动力学基本原理，要求学生了解二自由度、三自由度体系振动现象与规律，掌握简单结构模态测试方法，了解隔振的原理以及减振的常见方法，为从事化工设备设计提供一定基础。要求学生在实验前具备下述知识与能力，方可进行实验。

① 掌握材料力学基本概念及轴的扭转、梁弯曲相关的计算方法；

② 掌握轴截面图形的几何性质；

③ 了解结构动力学基本概念。

二、实验教学目标

本实验属于验证型实验，要求在教师指导下进行实验。实验教学目标包括：

① 通过二自由度、三自由度系统固有频率以及模态的测量，熟悉结构动力学问题的基本原理；

② 通过锤击法或正弦扫频法对梁或圆盘进行模态测试，了解结构模态测试的基本方法以及原理；

③ 通过主动隔振与被动隔振，了解结构隔振的必要性，讨论常见的减振方法与效果；

④ 培养化工设备设计时考虑结构运行中面临的动力学问题以及给出相应的处理办法的能力。

三、实验方案设计与实施

1. 实验概况

本实验概况如表 8-1 所示。

表 8-1 化工设备振动特性实验概况

实验类别	验证型实验
实验标准	机械行业标准:JB/T 8990—1999《大型汽轮发电机定子端部绕组模态试验分析和固有频率测量方法及评定》 国家军用标准:GJB 2706A—2008《航天器模态试验方法》
实验装置	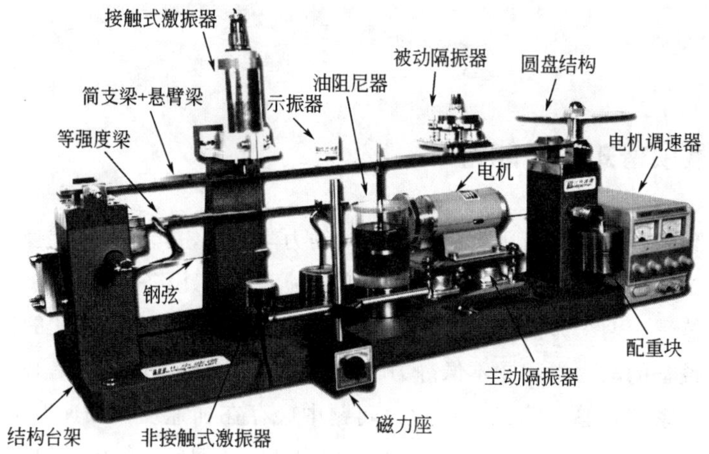 接触式激振器 被动隔振器 圆盘结构 油阻尼器 简支梁+悬臂梁 示振器 等强度梁 电机调速器 电机 钢弦 配重块 主动隔振器 结构台架 非接触式激振器 磁力座 振动特性实验台
实验室安全	① 注意用电安全,防止触电,不要接触强电线圈 ② 女生扎好头发,不要靠近转动部件,防止头发卷入

本实验设置内容如图 8-1 所示，实验内容一共分为 11 项，4 大类。相同类型实验各组自由选择一项，每组实验内容不少于 5 项。

2. 实验原理

(1) 锤击法

用力锤激振梁，产生振动，对结构输入一个脉冲力信号，激起结构微幅振动，测量力信号以及加速度响应信号，通过计算力与加速度的传递函数，得出结构的自振频率。

(2) 二自由度、三自由度系统固有频率及振型测量原理

调整程控信号源的正弦波的频率，信号经功率放大器放大后推动非接触激振器，在非接触激振器的前端产生交变磁场，该磁场作用到钢弦上的振块上（金属），使钢弦产生振动，调整正弦波频率使钢弦产生一阶和二阶（三自由度系统存在三阶模态）振动。

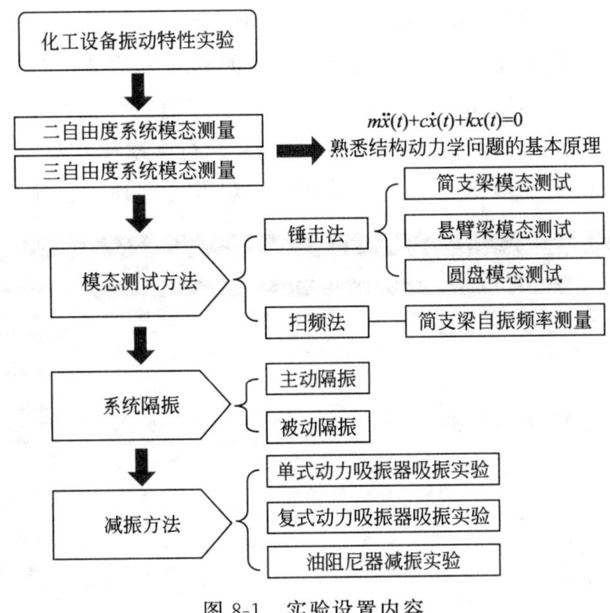

图 8-1　实验设置内容

(3) 油阻尼器减振实验原理

油阻尼器主要由油缸和油构成，当油缸振动时，油会对油缸产生抑制作用，减小其振动幅值。当油缸产生高频振动时，油就不起作用了。这样油阻尼器会对简支梁的低阶自振频率起到抑制作用。

3. 实验实施

(1) 简支梁模态测试（图 8-2）

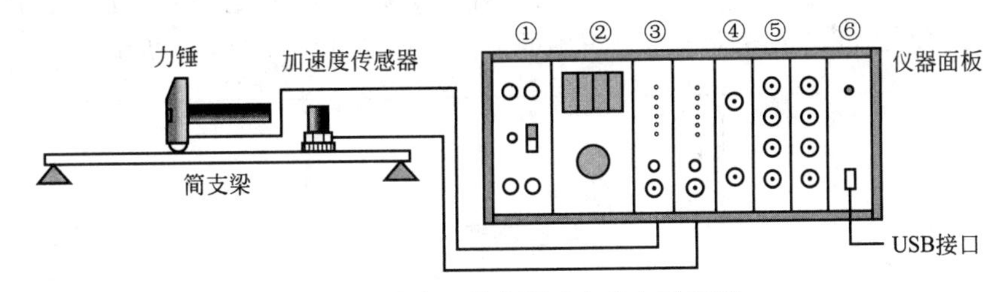

图 8-2　简支梁模态测试实验台示意图

实验步骤：

① 自行学习 Vib′ EDU 软件。

② 利用锤击法进行模态测试，锤击实验流程如下（图 8-3）：

ⅰ. 选择锤击测点：逐一测点进行锤击测振，根据实验需要任意选择测点。对于简支梁，1 和 10 测点不用测，因为这两个点是支点。

ⅱ. 清除：表示是否继续本测点的锤击测振，选择“清除”是把上次的锤击计算平均结果清除，开始新的锤击测振；选择“不清”则继续锤击测振。

ⅲ. 示波显示：按“示波显示”键，开始示波，这时可观察锤击信号和加速度响应信号的幅值是否合适，在没有锤击时，信号是否为零。如信号不在零线，那么需要清零。

ⅳ. 采集清零：在没有锤击时，观察锤击信号和加速度信号是否位于零线，如不是零，则按“采集清零”键清零；如清零正常，则两个信号应位于零。

ⅴ.准备锤击：按“准备锤击”键开始锤击，这时程序等待锤击激励信号：

ⅵ.锤击、多次平均：当锤击信号的幅值超过触发阈值时，锤击激励信号和加速度响应信号会被捕捉到，然后自动开始计算传递函数等，并进行多次平均计算。

ⅶ.停止触发：改变当前锤击点后，重复ⅲ～ⅵ步骤，直到所有锤击点锤击动作均完成。

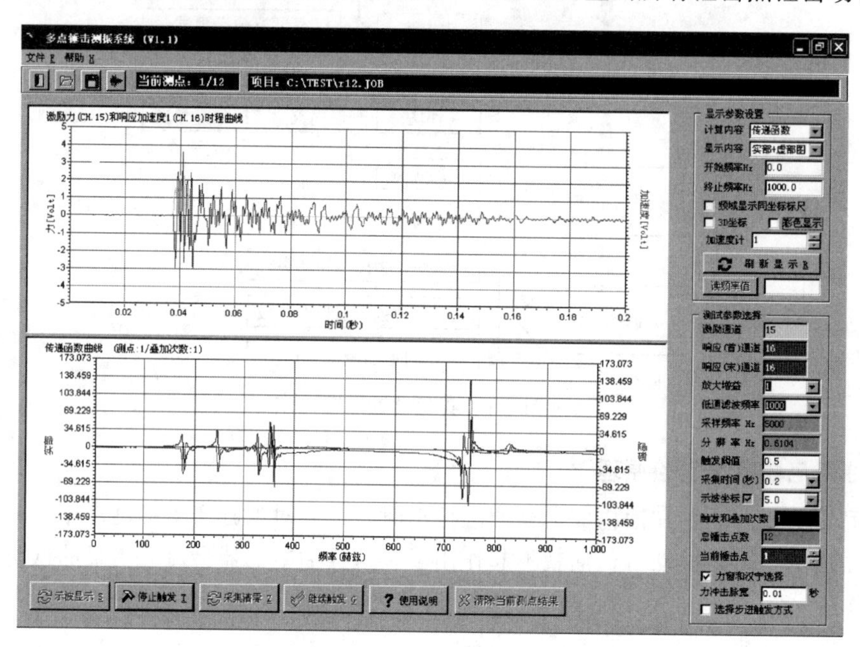

图 8-3　锤击过程界面

ⅷ.显示振型动画图：查看各阶锤击曲线，寻找实部为峰值、虚部接近零的点，鼠标右键点击，在软件界面点击“读频率值”，即可保存该点数据。在软件后处理程序中，调入系统默认的动画数据即可显示各阶振型，正确的前三阶振型动画如图 8-4 所示。

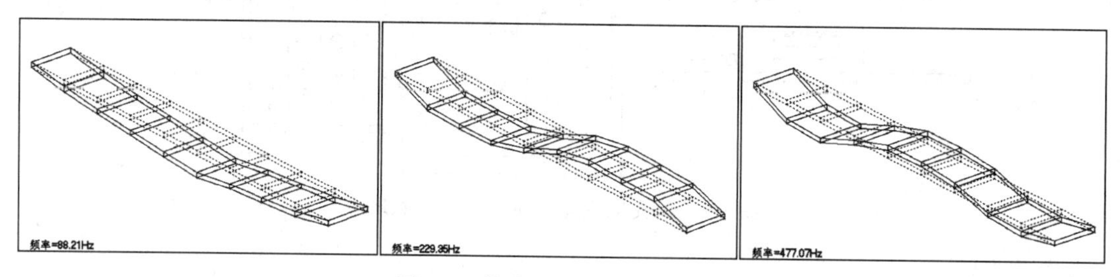

图 8-4　简支梁前三阶振型动画

(2) 悬臂梁模态测试（图 8-5）

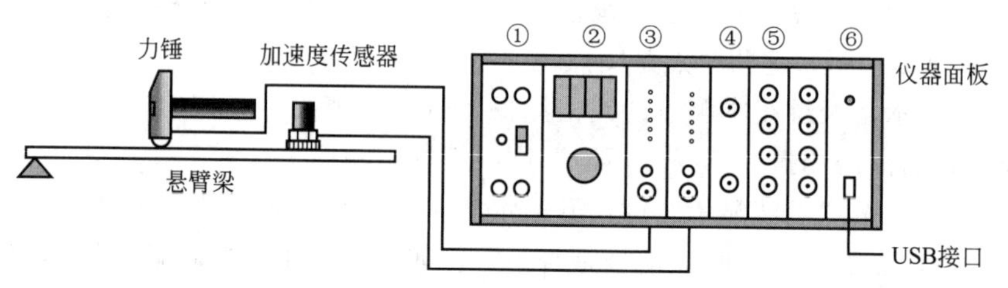

图 8-5　悬臂梁模态测试实验台示意图

实验步骤：同简支梁，不同点在于悬臂梁测点 10 需要锤击。正确的前三阶悬臂梁振型动画如图 8-6 所示。

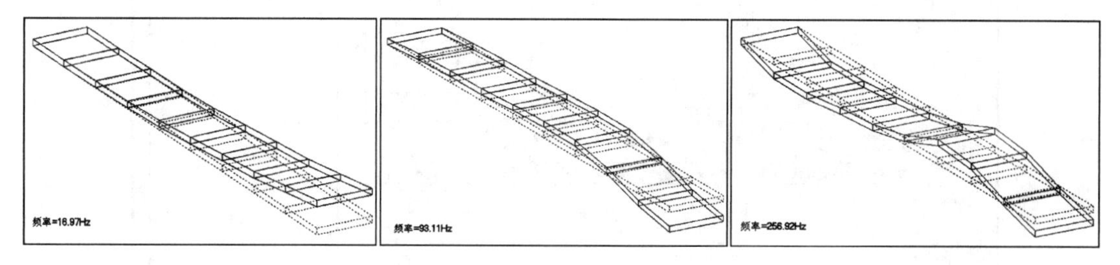

图 8-6　悬臂梁前三阶振型动画图

(3) 圆盘模态测试（图 8-7）

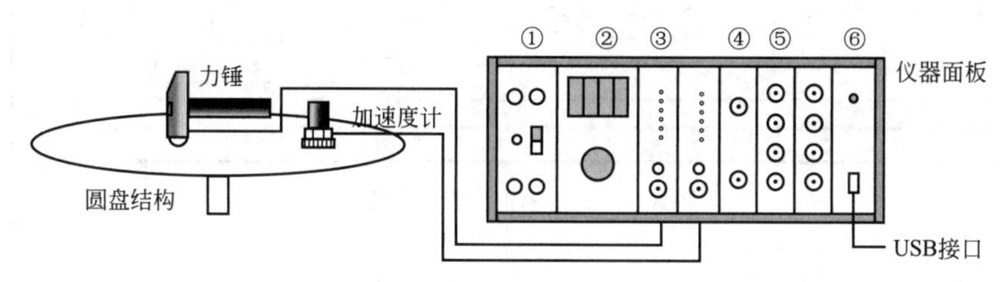

图 8-7　圆盘模态测试实验台示意图

实验步骤：将圆盘安装于实验台右上角，由于实验用圆盘，有 12 个测点，每个测点都要逐一敲击和测试，具体操作过程与简支梁操作过程相同。正确的圆盘前三阶振型动画如图 8-8 所示。

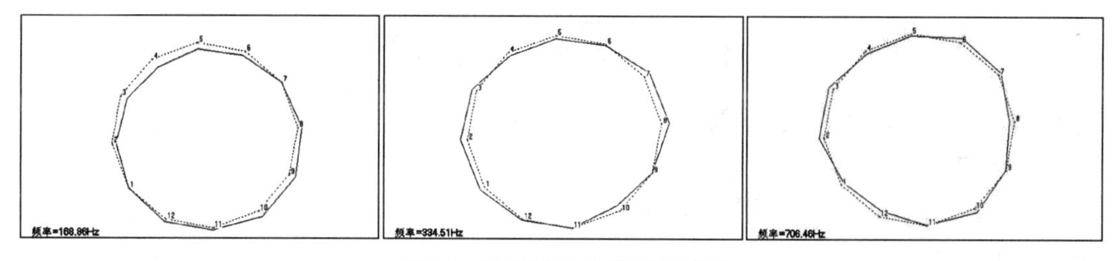

图 8-8　圆盘前三阶振型动画图

(4) 主动隔振实验

运行 Vib'EDU 软件，打开主动隔振软件，如图 8-9 所示，实验台见图 8-10。

实验步骤：

① 按示意图连接好主动隔振器、传感器和其他实验仪器；

② 先把主动隔振器四角上的固定螺母松开，使电机处于四个减振器的减振状态；

③ 把传感器安放到电机平台上；

④ 用软件测量振动的加速度有效值 A_1；

⑤ 再把主动隔振器四角上的固定螺母拧紧，使电机处于没有减振的状态；

⑥ 把传感器安放到基础上；

⑦ 用软件测量振动的加速度有效值 A_2；

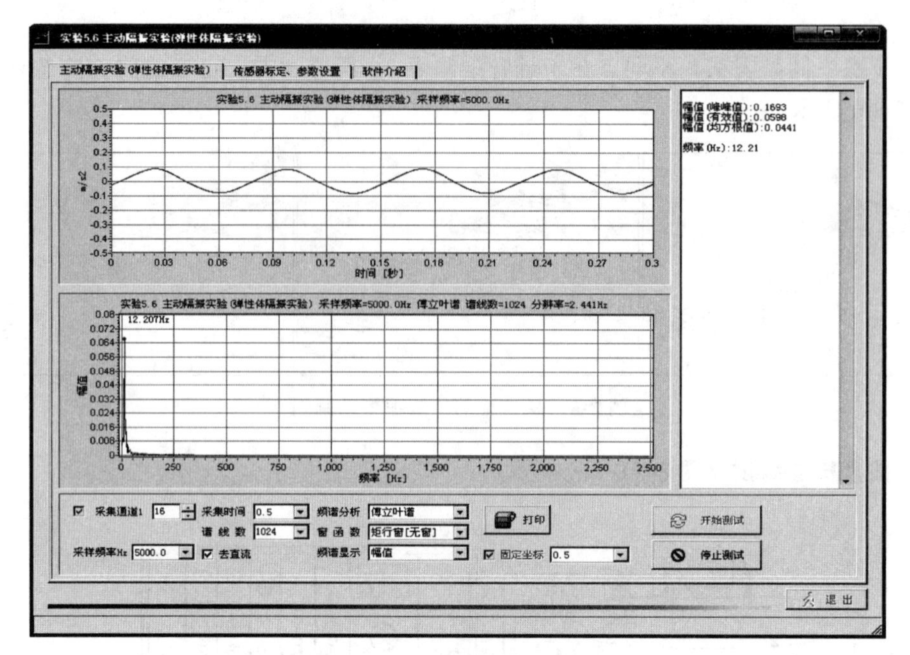

图 8-9　主动隔振实验软件界面

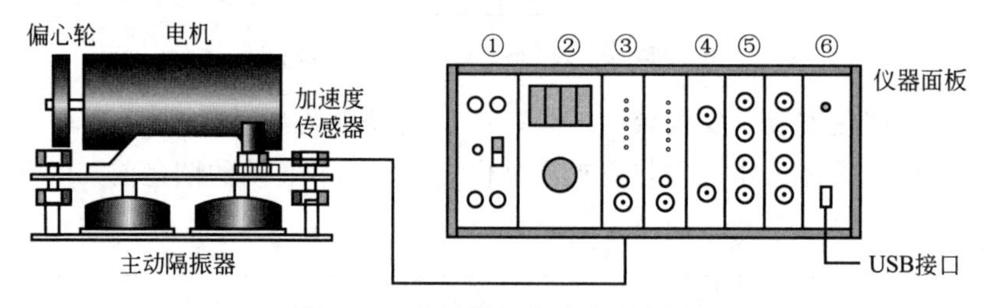

图 8-10　主动隔振实验台示意图

⑧ 用 A_1 和 A_2 计算减振系数。

注意事项：

① 主动隔振器的电机配有偏心旋转轮，实验前要仔细检查偏心旋转轮是否固定好，避免高速旋转时飞出。

② 电机转速调节器供电电压是 220V，输出电压能调节到 280V，实验时切不要接触电源，避免触电。

(5) 被动隔振实验

被动隔振实验台见图 8-11。运行 Vib'EDU 软件，打开被动隔振软件，如图 8-12 所示。

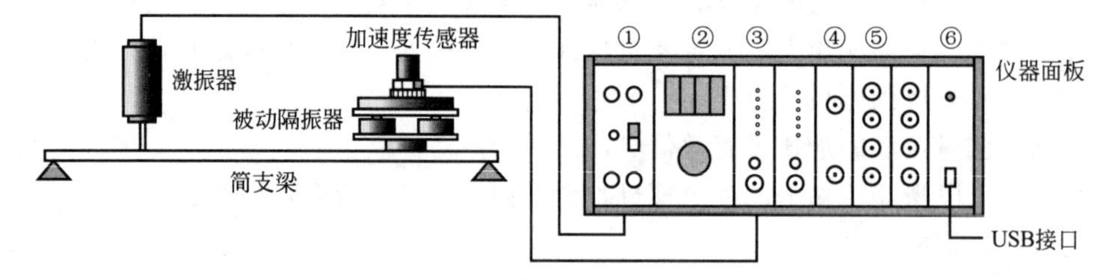

图 8-11　被动隔振实验台示意图

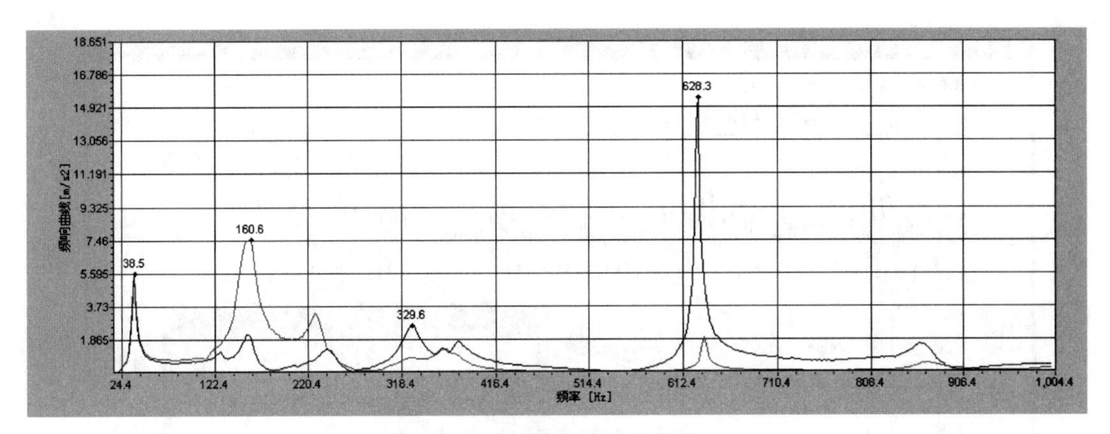

图 8-12　被动隔振实验软件界面

实验步骤：

① 按示意图连接传感器、仪器和实验装置；

② 调整程控信号源，给出正弦波，用扫频方式，扫频范围为 20～1000Hz，扫频间隔频率可选择 2Hz；

③ 由小到大调整功率放大器输出电流，一般在 100mA 左右；

④ 先把加速度传感器安放到隔振器上，用软件采集扫频加速度响应，软件能自动记录梁的频响曲线，按“保留频响曲线”按钮，保留频响曲线，再把加速度传感器安放到梁上（在隔振器的下面），重复测量频响曲线，软件能显示出两条频响曲线，比较隔振效果；

⑤ 点击鼠标的右键，弹出“图形拷贝到剪切板”菜单，按这个菜单可把曲线剪切到 Windows 的剪切板内，这样可把曲线粘贴到其他软件内（如 Word 等），分析被动隔振作用效果。

(6) 简支梁自振频率测量

简支梁自振频率测量实验台见图 8-13。运行 Vib'EDU 软件，打开主动隔振软件，如图 8-14 所示。

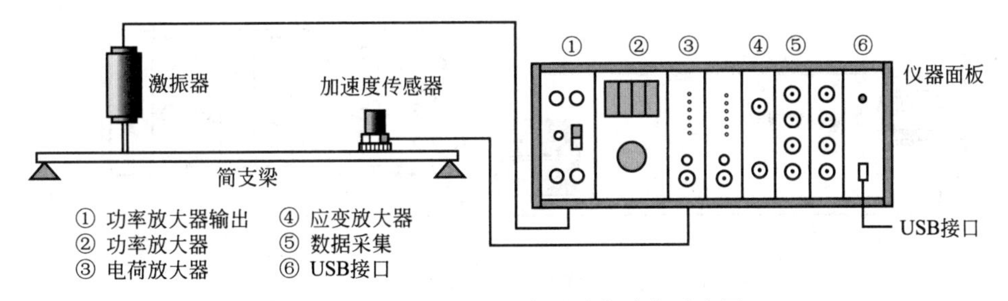

图 8-13　简支梁自振频率测量实验台示意图

实验步骤：

① 按示意图连接好仪器和传感器以及加速度传感器；

② 调整程控信号源，给出正弦波，用扫频方式，扫频范围为 20～1000Hz，扫频间隔频率可选择 2Hz；

③ 由小到大调整功率放大器输出电流，一般在 100mA 左右；

④ 用软件采集扫频加速度响应，软件能自动记录梁的频响曲线；

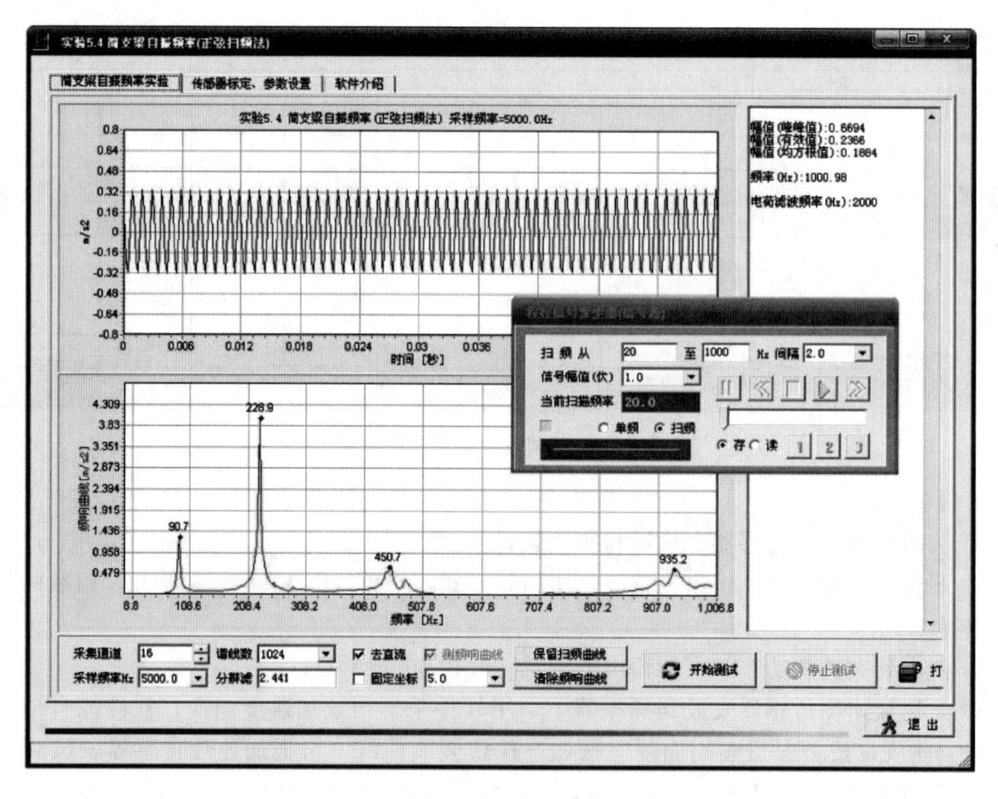

图 8-14　简支梁自振频率测量软件界面

⑤ 用鼠标点击曲线的共振峰，程序能显示出曲线对应点的频率值；

⑥ 点击鼠标的右键，弹出“图形拷贝到剪切板”菜单，把曲线粘贴到其他软件内（如 Word 等），用于编写实验报告。

(7) 二自由度系统模态测量（图 8-15）

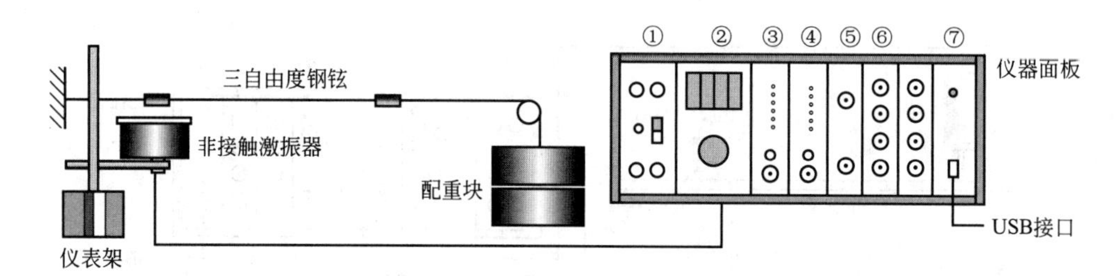

图 8-15　二自由度系统模态测量实验台示意图

实验步骤：

① 按示意图连接传感器、仪器和其他实验装置；

② 调整程控信号源的单频正弦波的频率；

③ 调整功率放大器的输出电流，一般调到 100mA 即可；

④ 改变程控信号源的频率，观察钢弦出现一阶和二阶自振现象（图 8-16），钢弦的第一阶和第二阶频率一般低于 50Hz。

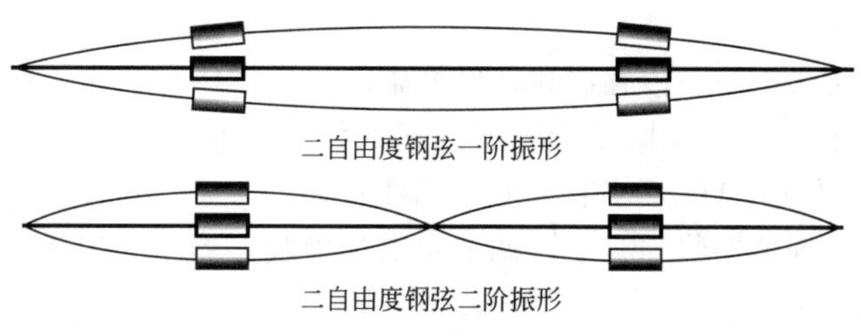

图 8-16　二自由度钢弦振型

(8) 三自由度系统模态测量 (图 8-17)

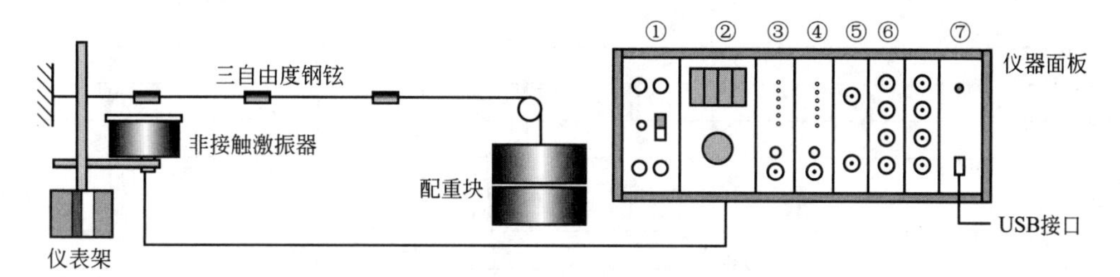

图 8-17　三自由度系统模态测量实验台示意图

实验步骤：同二自由度系统模态测量，观察钢弦出现一阶、二阶和三阶自振现象（图 8-18），钢弦的第一阶，第二阶和第三阶频率一般低于 65Hz。

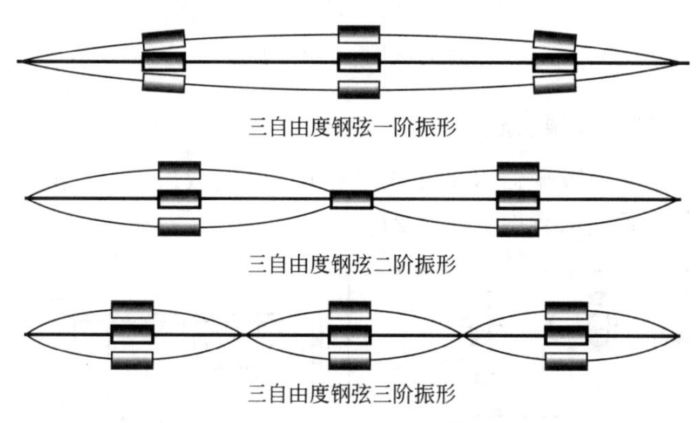

图 8-18　三自由度钢弦振型

(9) 单式动力吸振器吸振实验

该实验包含：单式动力吸振器（单复式组合）1 个；激振器 1 个；加速度计 1 只；控制仪 1 台；计算机 1 台，系统示意图见图 8-19。

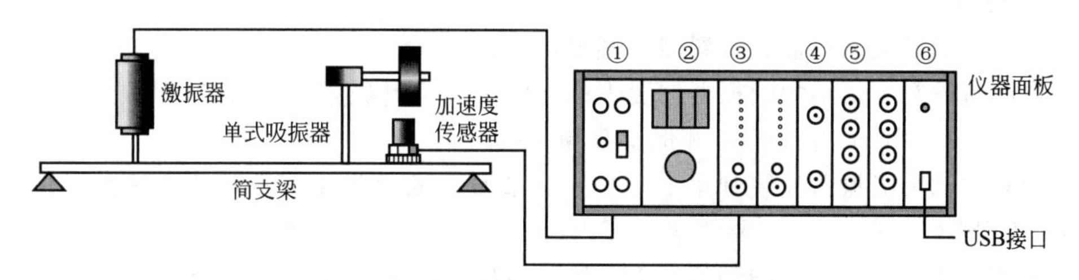

图 8-19　单式动力吸振器吸振实验台示意图

实验步骤：

① 按示意图安装激振器、传感器和其他仪器；

② 先测量没有单式动力吸振器情况下的梁的第一阶自振频率，用扫频方式，扫频从50Hz至150Hz，间隔可用1Hz，并保留频响曲线；

③ 把单式动力吸振器安装到梁上，调节单式动力吸振器上的滚轮，使其单摆自振频率接近梁的自振频率；

④ 用扫频方式扫频，扫频从50Hz至150Hz，间隔可用1Hz，测出频响曲线；

⑤ 对比含有单式动力吸振器以及无单式动力吸振器情况下的梁的频响曲线，如图8-20所示。

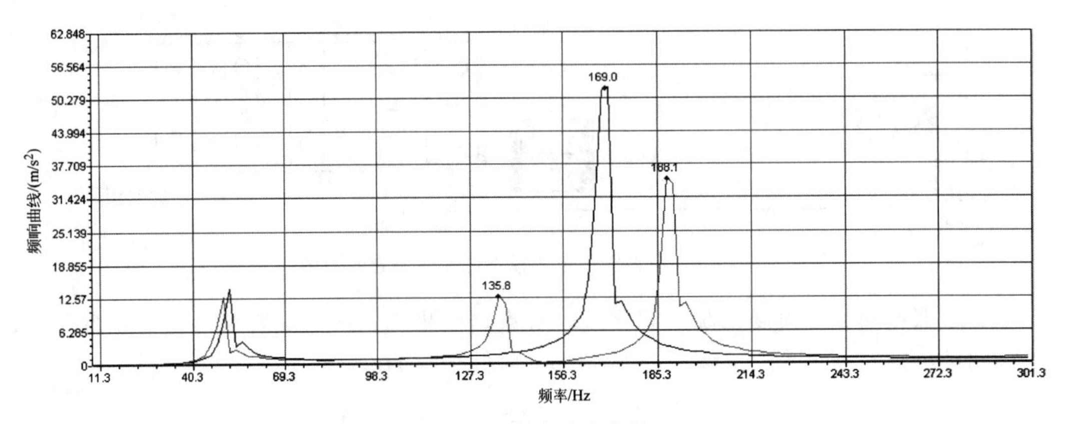

图 8-20 频率响应曲线

(10) 复式动力吸振器吸振实验

该实验包含：复式动力吸振器（单复式组合）1个；激振器2个；加速度计2只；控制仪2台；计算机2台，系统示意图见图8-21。

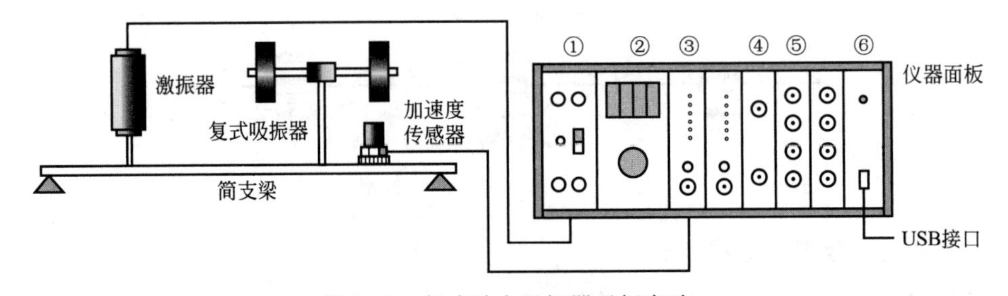

图 8-21 复式动力吸振器吸振实验

实验步骤：

① 按示意图安装激振器、传感器和其他仪器；

② 先测量没有复式动力吸振器情况下的梁的第一阶自振频率 f_0，用扫频方式，扫频从50Hz至150Hz，间隔可用1Hz，并保留频响曲线；

③ 把复式动力吸振器安装到梁上，分别调节复式动力吸振器上的两个滚轮，使两个单摆自振频率分别为 f_1 和 f_2，要使 $f_1<f_0<f_2$；

④ 再用扫频方式扫频，扫频从50Hz至150Hz，间隔用1Hz，测出频响曲线；

⑤ 对比复式动力吸振器和没有复式动力吸振器情况下的梁的频响曲线，如图8-22所示。

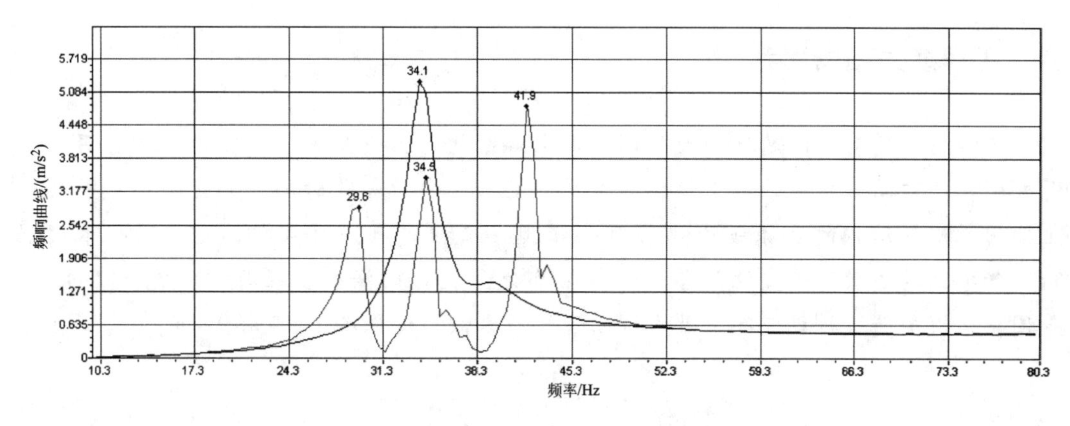

图 8-22　频率响应曲线

(11) 油阻尼器减振实验

实验装置包含：油阻尼器 1 个；激振器 1 个；加速度计 1 只；控制仪 1 台；计算机 1 台。

实验步骤：

① 按示意图连接传感器、仪器和其他实验装置；

② 调整程控信号源，给出正弦波，用扫频方式，扫频范围从 20Hz 到 1000Hz，扫频间隔频率可选择 2Hz；

③ 由小到大调整功率放大器输出电流，一般在 100mA 左右；

④ 先不带阻尼器，调整程控扫频信号源的正弦波的频率从 20Hz 至 1000Hz，信号经功率放大器放大后推动激振器，触激振器使简支梁产生受迫振动，用加速度传感器测量出梁的前三阶自振频率曲线，按“保留频响曲线”按钮，保留频响曲线；

⑤ 再将油阻尼器安装到梁上，重复相同的扫频过程，参看加速度记录曲线，分析现象。

四、实验数据与分析

① 获得实验台固有频率以及模态；

② 分析系统隔振效果；

③ 对比分析几种典型减振方法效果。

五、实验报告要求与评价

实验报告中应包括以下内容：

① 列出实验数据或曲线，对实验曲线进行分析与讨论；实验曲线要求用 Excel 或 Origin 等软件绘制。

② 通过完成一系列振动台实验的内容，你对振动方面知识的了解和掌握都有哪些增加和提高？对于解决常见的振动问题一般可以采取怎样的一些措施手段？

六、工程能力拓展思考

工程结构的动力问题有两大类，一类求解结构的自振频率以及相应振型；另一类是求解在任意动力载荷作用下结构的位置、变形或内力等随时间的变化规律。本实验主要用于测量结构的共振频率以及对应振型。工程中有一种重要的现象——卡门涡街。如水流过桥墩，风吹过高塔、烟囱等都会形成卡门涡街。经典案例就是 1940 年美国华盛顿州的塔科玛峡谷上悬索桥断裂塌毁事故，如图 8-23 所示。

图 8-23　卡门涡街现象

换热器是化工石油能源等工业中广泛应用的单元设备。为提高换热器的性能，提升壳程介质流动速度是一种有效的措施，但这将导致换热管振动的加剧，因此对换热管的抗振性能提出了更高的要求。据不完全统计，目前因振动损坏的换热器几乎占损坏总数的 30%。

GB/T 151 与 TEMA 中均将管路振动成因归为四类，分别为：a)卡门涡街；b)湍流抖振；c)声振；d)流体弹性不稳定，各种类别的判断见表 8-2。

表 8-2　管路振动成因及判断标准

类别	需计算的量	评价标准
卡门涡街	卡门涡街频率 f_v/Hz 卡门涡街致振幅 y_v/m	$f_n \geqslant 2f_v$ 或 $y_v \leqslant 0.02d_o$
湍流抖振	湍流抖振频率 f_t/Hz 湍流抖振致振幅 y_t/m	$f_n \geqslant 2f_t$ 或 $y_t \leqslant 0.02d_o$
声振	声振频率 f_a/Hz	$f_a \leqslant 0.8\text{mim}\{f_t, f_v\}$ 或 $f_a \geqslant 1.2\max\{f_t, f_v\}$
流体弹性不稳定	临界速度 V_c/(m/s)	$V < V_c$

注：d_o 为换热管外径，m；f_n 为结构基频，Hz；V 为管壁流速，m/s。

TEMA 标准中指出，除了引发声共振情况，声振不会引起结构振幅的增加，而其他三种成因会出现振幅增大的情况，尤其是流体弹性失稳是必须要避免的。

思考题

化工过程中哪些装备可能出现卡门涡街的影响，简单分析（换热器除外）。

实验九

涡流管性能实验

一、实验预备知识与能力

本实验测试涡流管性能，并做实验数据及曲线分析，要求在实验前具备下述知识与能力，方可进行实验。

① 掌握材料力学相关基本概念；

② 掌握流体力学基础知识，掌握可压缩流体流动基础；

③ 掌握工程热力学基础知识，掌握热力学第一定律、热力学第二定律及绝热节流过程；

④ 了解涡流管结构及工作原理；

⑤ 了解衡量涡流管性能的标准。

二、实验教学目标

本实验属于综合型实验，要求在教师指导下自主设计部分实验。实验教学目标如下：

① 通过对涡流管性能进行测试，了解涡流管的基本特性以及工作性能；

② 能够总结出涡流管在工程领域应用的优缺点。

三、实验方案设计与实施

1. 实验概况

本实验概况如表 9-1 所示。

表 9-1 涡流管性能实验概况

实验类别	综合型实验
实验标准	国家标准:GB/T 150—2011《压力容器》
实验装置: 涡流管实验平台	实验能力: ① 涡流管进出口流量、压力控制及温度测量 ② 观察不同进出口流量下冷热出口温度的变化,总结变化规律,并分析其性能
实验室安全	① 注意用电安全,防止触电,不要接触强电线圈 ② 女生扎好头发,不要靠近压缩机,防止头发卷入 ③ 实验完成后,有序关闭装置相关电源

2. 实验原理

(1) 涡流管工作原理及结构

当高压气体进入涡流管时，通过喷嘴后压力下降并产生的涡流，使管内气体温度沿径向重新分布，外壁处温度高，中心处温度低。温度差一般在 20～50℃之间，这种现象称为兰克效应，这是由于内外层气体之间有能量交换所致，使中心处的气体能量传递给外层气体，因而产生了温度差，自然分离成热、冷两部分气流。

涡流管结构如图 9-1 所示。压力气体经涡流而分离成热、冷两个部分的过程是在涡流室内进行的。涡流室加装喷嘴环后，内部形状为阿基米德螺线，喷嘴口沿切线方向设在涡流室的边缘处，其安装连接方式可以有很多种。在涡流室的一侧装有一个分离孔板，其中心孔径约为管子内径的一半（或更小一些），它与喷嘴中心线的距离约为管子内径的一半。分离孔板的外侧与冷端管连接，热端管则装在分离孔板的另一侧，其外端装有一控制阀。该阀距离涡流室的距离约为管子内径的 10 倍，控制阀开度可以调节。

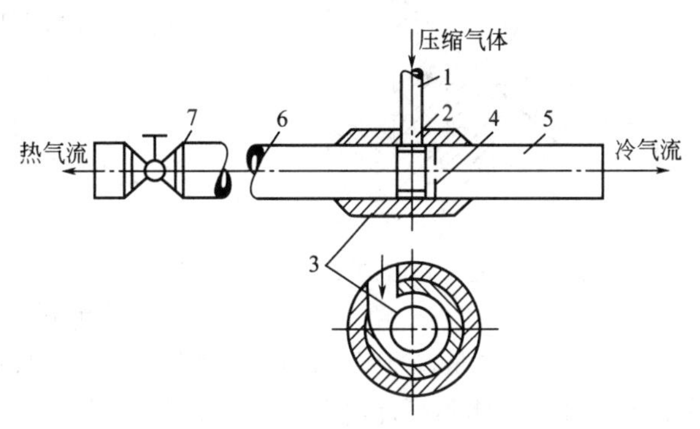

图 9-1 涡流管结构示意图

1—进气管；2—喷嘴；3—涡流室；4—孔板；5—冷端管子；6—热端管子；7—控制阀

(2) 涡流管的工作过程

经过压缩并冷却到室温的气体（通常使用的是空气，也可以是其他气体，如：煤气、二氧化碳、氨气等），先由进气管进入，在喷嘴口处膨胀后以很高的速度沿切线方向进入涡流室，并形成自由涡流，经过动能的交换分离成温度不同的两部分。处于中心部分的气流经孔板一侧流出，即为冷气流；边缘部分的气体从另一端经控制阀流出，即为热气流。因此涡流管可以同时产生冷、热两种效应。根据实验结果可知，当进气温度为室温时，冷气流的温度可达$-10 \sim -50$℃，热气流的温度最高也能达$100 \sim 130$℃。通过控制阀来改变热端管中气体的压力，可以调节冷、热两部分气流的流量比，从而改变它们各自的温度。如果控制阀全关，则所有气体将从冷端管流出，此时也就无所谓冷热效应。如果控制阀全开，则会有少量气体从孔板被吸入，此时的涡流管相当于一种气体喷射器。

气体经涡流管后为什么会分离成温度不相同的两股气流呢？这可通过对涡流室内部工作过程的分析来予以说明。压力为P_1、温度为T_1的压力气体，在喷嘴处膨胀到压力P_2，此时理论上等熵膨胀时可能达到的温度是T_s，并可获得超音速的气流速度C_2，其数值可用喷嘴射流的公式计算。此高速气流沿切线方向进入涡流室，在该腔室内形成自由涡流，而流向涡流室中心区域的气体是由周边部分气体扩散和挤压而来的。越靠近中心区，自由涡流的旋转角速度则越大，因而会在涡流室中沿半径方向形成不同角速度的气流层。由于气流层之间的摩擦，内层的角速度渐趋降低而外层的角速度逐步提高，内层气流便将一部分动能传给外层气流，这样涡流室中心部分的气体经孔板流出时，便具有较低的温度T_c。而处于周边部分的气体流经热端管子时，由于摩擦的存在，使动能又转化为热能，所以经控制阀流出的气体便具有较高的温度T_h。

$$T_s = T_1\left(\frac{P_2}{P_1}\right)^{\frac{k-1}{k}} \tag{9-1}$$

涡流管内部的工作过程可以通过温-熵（T-S）图解释。如图9-2所示，点4表示气体在压缩以前的状态；4—5为气体的绝热压缩过程；5—1为等压冷却过程。点1表示压力气体在进入喷嘴之前的状态，其在理想情况下经绝热膨胀到压力P_2时温度将降到T_s，膨胀后的状态用点$2a$表示。

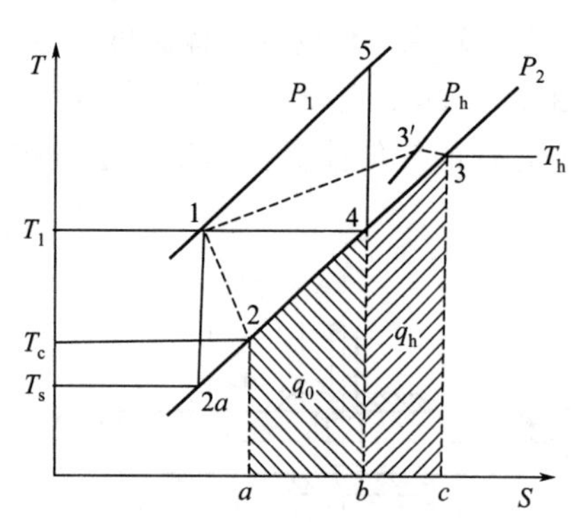

图9-2 涡流管工作时的T-S图

点2表示实际由涡流管出来的冷气流状态，其温度为T_c；点3表示热气流的状态，其温度为T_h。1—2及1—3′分别表示产生冷、热两部分气流的分离过程，这一过程是不可逆过程。3′—3为热气流经控制阀的节流过程，节流后焓值不变。从涡流管出来的冷气流的温度T_c总是高于T_s，这是因为涡流管中的气体过程并不能达到真正的等熵膨胀；涡流室中内层气体不可能将其动能全部传递给外层的气体（在涡流室内存在有向心的热量传递过程）。对涡流管的冷却过程进行分析计算，令

$$\Delta T_c = T_1 - T_c \text{—— 涡流管的冷却效应}$$
$$\Delta T_s = T_1 - T_s \text{—— 等熵膨胀温度效应}$$

涡流管的冷却效率η_c为

$$\eta_c = \frac{\Delta T_c}{\Delta T_s} = \frac{T_1 - T_c}{T_1\left[1-\left(\frac{P_2}{P_1}\right)^{\frac{k-1}{k}}\right]} \tag{9-2}$$

式中　k——绝热系数。

用G_1、G_c及G_h分别表示进入涡流管的高压气流及从涡流管排出的冷气流及热气流的

量，则

$$G_1=G_c+G_h \qquad (kg/s) \tag{9-3}$$

再用 h_1、h_c 与 h_h 分别表示它们的焓值，并忽略气体流进流出时的动能，则可写出涡流管热平衡式

$$G_1h_1= G_ch_c+G_hh_h \tag{9-4}$$

冷流率

$$\mu_c=\frac{G_c}{G_1}=\frac{G_c}{G_c+G_h} \tag{9-5}$$

将冷气流由 T_c 加热到 T_1 所能吸收的热量即为涡流管的制冷量

$$Q_0=G_cc_p(T_1-T_c)=\mu_cG_1c_p\Delta T_c \tag{9-6}$$

实际绝热效率

$$\eta_s=\mu_c\eta_c \tag{9-7}$$

因而对于每千克冷气流的单位制冷量为

$$q_0=\frac{Q_0}{G_c}=c_p\Delta T_c \tag{9-8}$$

式中　c_p——定压比热容，kJ/（kg・K）。

涡流管性能指标中最重要的是冷却效应 ΔT_c 和单位制冷量 q_0。根据实验，这两个指标的数值与下述因素有关：

① 气体分离程度：当冷气流分量 V_c 改变时，ΔT_c 及 q_0 都相应地改变，并且在 $\mu_c<1$ 内都有最大值存在。应用压缩空气作为工质，当 μ_c 为 0.30～0.35 时，ΔT_c 达最大值；当 $\mu_c=0.6$，q_0 达最大值。

② 喷嘴类型：在本实验中，均采用直线型流道。具体喷嘴结构如图 9-3（a）所示。

本次实验各组自行设计喷嘴结构，实验前可以设计并得到实际喷嘴。常规喷嘴结构有两种：一种直线型流道喷嘴，一种阿基米德螺旋线型喷嘴，如图 9-3 所示。直线型喷嘴流道两侧均为直线型，整体呈渐缩趋势，在喷嘴出口处留有一定长度的直段，便于气体切向进入涡流室；阿基米德螺旋线型流道的一侧采用阿基米德螺旋线，另一侧则采用直线。

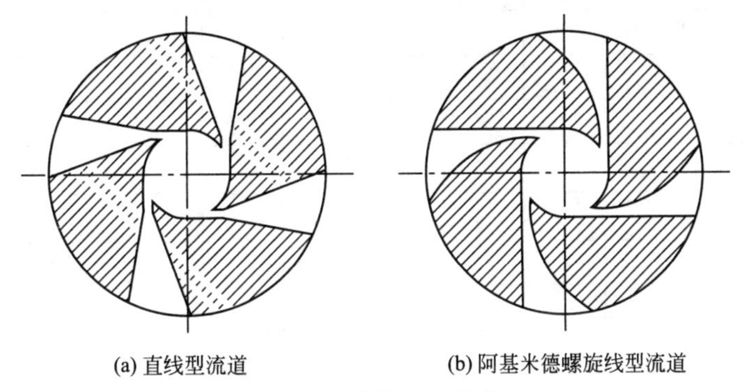

(a) 直线型流道　　(b) 阿基米德螺旋线型流道

图 9-3　喷嘴流道形式

3. 实验实施

实验步骤如下：

① 将现有的或者新设计的喷嘴安装于涡流管装置中，并检查密封性。

② 接通电源，打开压缩机，慢慢地打开进气阀门，观察涡流管入口压力，当达到实验所需的压力后停止调节。

③ 慢慢地调节热端调节阀，使冷气流分量逐渐增大，观察冷、热端出口温度的变化。

发现冷端出口温度接近峰值时，减小调节间隙，以增加峰值附近的数据点。每次读数都应该等示数稳定以后再读。

④ 读取完所需的各组数据后关闭进气阀门，等待涡流管恢复到室温。

⑤ 更换需要对比的零部件，重复实验。

⑥ 测量流量与标准状态流量的换算。

注意事项：

① 本实验的温度测量通过温度计以及专用程序在微机上直接显示。

② 在压力下通过流量计的标准流量为

$$Q_N = \frac{Q_S}{\sqrt{\dfrac{P_N T_S}{P_S T_N}}} \tag{9-9}$$

式中 Q_S——使用状态下流量；

P_S——被测气体压力；

P_N——标准状态下大气压力，0.101325MPa；

T_N——标准状态温度，293K。

四、实验数据与分析（表 9-2）

表 9-2 实验数据记录表

热端流量 Q_4/(m^3/h)	6	10	15	20	25	30	25	20	15	10	6
热端标准流量 Q_{4N}/(m^3/h)											
进气表压 P_1/MPa											
进气绝压 P_N/MPa											
进气温度 T_1/℃											
进气绝对温度 T_{1N}/K											
热端表压 P_4/MPa											
热端绝压 P_{4N}/MPa											
进口流量 Q_1/(m^3/h)											
进口标准流量 Q_{1N}/(m^3/h)											
出口绝压 P_2/MPa											
膨胀比 $P_{绝1}/P_{绝2}$											
热端温度 T_4/℃											
热端绝对温度 T_{4N}/K											
冷端温度 t_7/℃											
冷端绝对温度 T_{7N}/K											
实际温降 ΔT_c/K											
冷流率 μ_c											
涡管冷却效率 η_c											
实际绝热效率 η_s											
单位制冷量 q_0/(kJ/kg)											

五、实验报告要求与评价

本实验不要求统一格式实验报告，实验报告中应包括以下内容：

① 所有实验结果，以上述列表的形式给出；

② 实验数据要求进行误差分析，实验曲线要求用 Excel 或 Origin 等软件绘制；

③ 根据涡流管实验数据及曲线分析其性能。

六、工程能力拓展思考

涡流管具有体积小、重量轻、防冲撞、低成本和免维护等特点，并且产冷气迅速，制冷效率高，还可以应用在比较恶劣的环境。因此，其在工程领域有着广泛应用。

1. 天然气预处理

天然气中几乎不含有硫、磷、粉尘等组分，因此在燃烧过程中，可以有效削减对环境有害物质的排放，它是煤炭以及石油之后的全球第三大能源。

但是，天然气在开采过程中存在一些技术难题。例如，塔里木各气田井口温度不一，单井节流后温度范围在 20～100℃之间，带来系列问题：

① 高温会引起管线膨胀位移，增加腐蚀概率和材质选择难度；

② 低温会导致天然气形成水合物，出现冻堵现象（图 9-4），增加输送难度；

③ 为防止水合物冻堵及管线腐蚀，需要增加加热炉或选择不同材质的集输管道，提高运输成本，造成资源浪费。

大连理工大学化工机械与安全系开展涡流管技术的应用研究工作，通过采用涡流管技术（图 9-5），可以对井场来气进行预处理研究。该技术不仅缩短了运输管线，而且在不需要提供外源动力的基础上，进行了脱水脱烃，防止天然气运输出现冻堵管道现象，降低了投资成本。

图 9-4　冻堵现象

图 9-5　涡流管装置图

2. 海水淡化

如图 9-6 所示，空气经空气压缩机压缩后进入涡流管，产生冷气流和热气流。热气流进入加湿器，与加湿器上方雾化的海水进行热湿交换，产生热湿空气。热湿空气进入冷凝器，与来自涡流管的冷气流充分换热，凝结为水，冷凝水流进淡水箱。在加湿器中，未完全蒸发的液滴因重力的作用大部分落入加湿器下端形成浓盐水，进入浓盐水箱，少部分随热湿气流流到加湿器上端被滤网捕捉。水泵将海水箱中的海水泵入加湿器中，海水在加湿器上端经喷嘴雾化，与经加湿器下方流入的热空气充分混合并发生强烈的热质传递而蒸发。

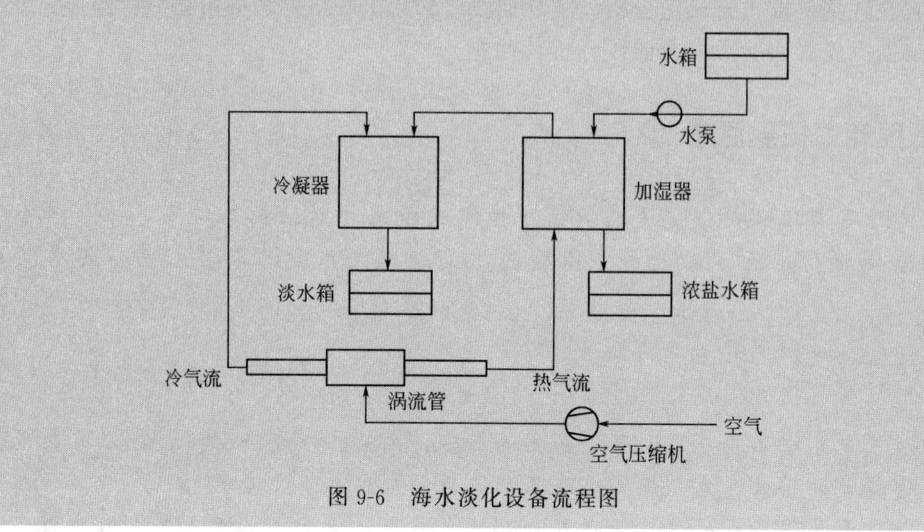

图 9-6　海水淡化设备流程图

思考题

根据实验结果，结合工程领域的应用，思考分析涡流管制冷的优劣势。

实验十
往复式压缩机特性实验

一、实验预备知识与能力

本实验开展往复活塞式压缩机的性能测试并绘制压缩机的性能曲线。要求在实验前具备下述知识与能力，方可进行实验。

① 掌握过程装备中往复式压缩机的基本工作原理；

② 了解往复式压缩机内部基本结构及作用；

③ 了解往复式压缩机实验相关标准；

④ 掌握常见往复式压缩机分类及型号含义。

二、实验教学目标

本实验属验证型实验，要求在教师指导下进行实验。实验教学目标：

① 通过往复式压缩机特性实验，能够根据实验数据及计算结果绘制压缩机的综合性能曲线（Q_0-ε 曲线、N_e-ε 曲线、η_{ad}-ε 曲线）。

② 对压缩机的运行工况进行分析和讨论，并绘制压缩机的示功图。

三、实验方案设计与实施

1. 实验概况

本实验概况如表 10-1 所示。

表 10-1　往复式压缩机特性实验概况

<table>
<tr><td>实验类别</td><td colspan="2">验证型实验</td></tr>
<tr><td>实验标准</td><td colspan="2">国家标准：GB/T 3853—2017《容积式压缩机　验收试验》
国家标准：GB/T 38182—2019《压缩空气　能效　评估》</td></tr>
<tr><td>实验装置</td><td>11ZA-1.5/8 压缩机实验平台

1　2　水　3　4　5　6　7　8
进气

空气压缩机性能实验装置示意图
1—吸气阀；2—空压机；3—电气控制箱；4—电动机；
5—储气罐；6—出口调节阀；7—低压箱；8—喷嘴</td><td>(1) 11ZA-1.5/8 立式一级双缸单动水冷固定式空气压缩机气缸直径 $D=153\text{mm}$；活塞行程 $S=114\text{mm}$；排气量 $Q_0=1.5\text{m}^3/\text{min}$（额定工况下）；轴功率 $N_Z<12\text{kW}$（额定工况下）；转速 $n=500\text{r/min}$；额定排气压力 $P_2=0.8\text{MPa}$
(2) Y160L1-4-T 三相交流异步电动机额定功率：13kW；转速 $n=1460\text{r/min}$；额定电压 $V=380\text{V}$；额定电流 $I=26.22\text{A}$；频率 $f=50\text{Hz}$；电机效率 $\eta=0.882$；功率因数 $\cos\varphi=0.88$；皮带传动效率 $\eta_C=97\%$
(3) 辅助装置：
① 控制箱和操作台
② 冷却器
③ 储罐：容积 $V=0.3\text{m}^3$；直径 $D=600\text{mm}$；高度 $H=1.725\text{m}$
④ 低压箱及喷嘴
⑤ 导管及调节阀
(4) 主要测量仪器及仪表：
干湿温度计；喷嘴流量测量装置；压力变送器；温度变送器；磁电式齿轮转速传感器；涡轮流量传感器；工控机</td></tr>
<tr><td>实验室安全</td><td colspan="2">① 注意用电安全
② 注意压缩机与电动机运转时站在隔离线之外
③ 操作时发现有不正常现象及时停车
④ 盘车时防止皮带夹手</td></tr>
</table>

2. 实验原理

(1) 实测排气量计算

喷嘴法测量排气量计算公式

$$Q_0=18.82Cd_0^2\frac{T_{x1}}{P_{x1}}\sqrt{\frac{\Delta P\times P_0}{T_1}} \tag{10-1}$$

式中　d_0——喷嘴直径，本实验用喷嘴 $d_0=0.01905\text{m}$；

C——喷嘴系数，所用喷嘴系数用线图和喷嘴系数表查出，见图 10-1 和表 10-2；

T_{x1}——压缩机 1 级吸气温度，K；

P_{x1}——压缩机 1 级吸气压力，Pa；

T_1——喷嘴上液气体温度，K；

P_0——实验现场大气压，Pa（$1\text{bar}=1000\text{mbar}=1.02\times10^5\text{Pa}$）；

ΔP——喷嘴前后压差，Pa。

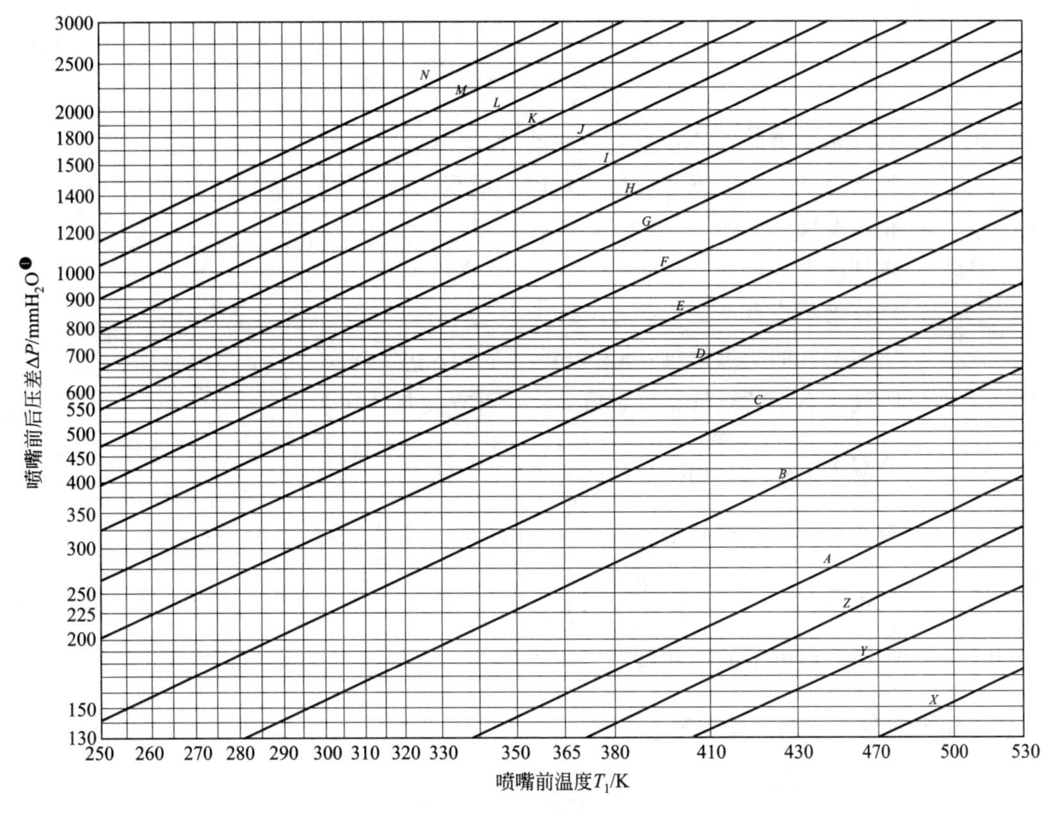

图 10-1　喷嘴系数图线

表 10-2　喷嘴系数表

喷嘴直径	系数												
	A	*B*	*C*	*D*	*E*	*G*	*H*	*I*	*J*	*K*	*L*	*M*	*N*
19.05 mm	0.968	0.971	0.974	0.976	0.977	0.979	0.980	0.982	0.983	0.984	0.985	0.986	0.987

(2) 电机输出功率的计算

$$N_e=\frac{\sqrt{3}UI(\cos\phi)\eta}{1000} \tag{10-2}$$

式中　N_e——输出功率，kW；

U——电压，V；

I——电流，A。

(3) 轴功率 N_z 的计算

$$N_z=N_e\times\eta_c \tag{10-3}$$

(4) 理论绝热功率（等熵功率）N_{ad} 的计算

$$N_{ad}=G_1R_1T_{x1}\frac{k}{k-1}\left[\left(\frac{P_2}{P_1}\right)^{\frac{k-1}{k}}-1\right]\times\frac{1}{60} \tag{10-4}$$

❶ $1mmH_2O=9.087Pa$。

$$R_1=\frac{0.28698}{1-0.378\phi_1\dfrac{P_{s1}}{P_1}} \tag{10-5}$$

式中 R_1——吸气状态下的气体常数，kJ/kg·K；

P_{s1}——吸气温度下水的饱和蒸气压，Pa（可查文献［10］）；

ϕ_1——相对湿度；

P_2——排气压力，Pa；

k——气体绝热指数，空气 $k=1.4$；

G_1——压缩空气的质量流量，kg/min，$G_1=Q_0\rho_a+G_s$；

ρ_a——吸气状态下的空气密度，kg/m^3（可查文献［10］）；

G_s——冷凝水量，kg/min，$G_s=\dfrac{1-\lambda_\varphi}{\lambda_\varphi P_{s1}}\rho_{s1}P_1Q_0$；

ρ_{s1}——吸气状态下的饱和水蒸气密度，kg/m^3（可查文献［10］）；

λ_ϕ——凝析系数，$\lambda_\phi=\dfrac{P_1-\phi_1P_{s1}}{P_2-P_{s2}}\dfrac{P_2}{P_1}$；

P_{s2}——喷嘴前温度下的饱和蒸气压，Pa。

（5）压缩机效率（绝热轴效率）

$$\eta_{ad}=\frac{N_{ad}}{N_z}$$

3. 实验实施

压缩机性能实验用调节压缩机储罐出口调节阀的方法来改变压力比 ε 大小，以得到不同的排气量、功率、效率。根据 GB/T 3853 规定，采用喷嘴测量压缩机的排气流量，标准喷嘴系数为 C。正式开始前在教师指导下熟悉实验机操作，检查实验机周围安全情况，安全检查完毕后，压缩机的性能实验按以下步骤进行：

① 启动测量装置：启动工控机，运行“压缩机试验”程序，点击“实验”按钮进入实验条件输入画面，输入实验条件。点击“确认”按钮进入实验画面。

② 压缩机启动：

ⅰ.盘车：用手转动皮带轮一周以上；

ⅱ.将储气罐出口调节阀完全打开；

ⅲ.顺时针转动电气控制箱上的“电源开关”，“电源指示”灯亮；

ⅳ.打开冷却水阀门，电气控制箱上的“安全指示”灯亮；

ⅴ.按下绿色“启动电机”按钮，启动压缩机，“运转指示”灯亮。

③ 点击“清空数据”按钮。

④ 调储气罐出口调节阀，改变排气压力，等试验系统稳定后，记录各项数据，如发现有不正常现象应及时停车。

⑤ 停车：按下红色“关闭电机”按钮，关闭压缩机；逆时针转动电气控制箱上的“电源开关”，“电源指示”灯灭。关冷却水阀门；将储罐内压缩空气自然放空（注意：此时不得转动储气罐出口调节阀）。

四、实验数据与分析

① 将实验数据填入表 10-3。

表 10-3　实验数据记录表

室温 T=________℃；实验现场大气压 P_0=________bar；相对湿度 ϕ_1=________%

序号	吸气压力 P_1 /Pa	排气压力 P_2 /Pa	吸气温度 T_{x1} /℃	喷嘴前温度 T_1 /℃	喷嘴前后压差 ΔP/Pa	电压 U /V	电流 I /A
1							
2							
3							
4							
5							
6							
7							

② 按公式计算各项数据并将结果填入表 10-4 内。

③ 用坐标纸绘制压缩机性能曲线，横坐标为压力比 ε，纵坐标分别为排气量 Q_0、轴功率 N_z、绝热轴效率 η_{ad}。

表 10-4　实验数据整理表

名称	符号	公式	单位	测量点数据		
吸气压力	P_1	—	Pa(A)			
排气压力	P_2	—	Pa(A)			
压力比	ε	P_2/P_1	—			
喷嘴前后压差	ΔP	—	Pa			
喷嘴前温度	T_1	—	K			
吸气温度	T_{x1}	—	K			
实测排气量	Q_0	$1129Cd_0^2\dfrac{T_{x1}}{P_1}\sqrt{\dfrac{\Delta P\times P_0}{T_1}}$	m^3/min			
电压	U	—	V			
电流	I	—	A			
电机输出功率	N_e	$\dfrac{\sqrt{3}IU\eta\cos\varphi}{1000}$	kW			
压缩机轴功率	N_z	$N_e\times\eta_c$	kW			
喷嘴前温度下饱和蒸气压力	P_{s2}	可查文献[10]	Pa			
吸气温度下饱和蒸气压力	P_{s1}	可查文献[10]	Pa			

续表

名称	符号	公式	单位	测量点数据		
凝析系数	λ_ϕ	$\frac{P_1-\phi_1 P_{s1}}{P_2-P_{s2}}\frac{P_2}{P_1}$	—			
冷凝水量	G_s	$\frac{1-\lambda_\phi}{\lambda_\phi P_{s1}}\rho_{s1}P_1 Q_0$	kg/min			
压缩空气的质量流量	G_1	$Q_0\rho_a+G_s$	kg/min			
吸气状态下的气体密度	ρ_a	可查文献[10]	kg/m^3			
等熵功率	N_{ad}	$G_1R_1T_{x1}\frac{k}{k-1}\left[\left(\frac{P_2}{P_1}\right)^{\frac{k-1}{k}}-1\right]\times\frac{1}{60}$	kW			
压缩机效率	η_{ad}	N_{ad}/N_z	—			

五、实验报告要求与评价

本实验不要求统一格式实验报告，但实验报告中应包括以下内容：

① 进行往复活塞式压塑机性能实验的目的和意义；

② 列出实验数据或曲线，进行误差分析，对实验数据进行分析与讨论；实验曲线要求用 Excel 或 Origin 等软件绘制；

③ 分析采用喷嘴法进行实验的优点及示功图的作用；

④ 结合所学知识，分析利用压缩机示功图得到的压缩机功耗大小，并讨论影响因素，获得实验结论。

六、工程能力拓展思考

压缩机作为常见的过程机械设备，广泛应用于多个领域，如机械、矿山、建筑等工业中使用压缩空气驱动风动工具；纺织工业中用压缩空气吹送纬纱；食品、制药行业用压缩空气来搅拌浆液等。

在化学工业中，将气体压缩至高压，有利于化学反应。如化肥生产中的合成氨是由氮气和氢气在合成塔中高压合成的，这里就要用到氮氢气压缩机和循环压缩机；石油精炼，常要把氢加热加压后与油反应，使碳氢化合物重组分裂成轻组分的碳氢化合物，此时要用到氢气压缩机等。乙烯裂解装置中的裂解气压缩机、丙烯压缩机和乙烯压缩机，俗称乙烯“三机”，其能耗占装置总能耗的30%～40%，是石化工业中最为重要的离心压缩机。高压聚乙烯装置中的超高压压缩机是石化生产装置中压力最高的往复压缩机，排气压力达到310MPa。

思考题

压缩机的性能曲线有何作用？性能曲线对压缩机的选择有何指导意义？如何利用示功图判断压缩机故障情况？

实验十一
气动换向回路实验

一、实验预备知识与能力

本实验针对气动或液动回路控制功能进行实验。要求在实验前具备下述知识与能力，方可进行实验。

① 掌握气动或液动元器件的性能和功能；

② 掌握过程机械对液压或气动的动作要求；

③ 掌握和实现具体动作过程的必要条件和组成；

④ 了解相关国家标准，理解掌握动作流程图表达信息；

⑤ 掌握常用器件标志标牌信息。

二、实验教学目标

本实验属综合型实验，要求在教师指导下自主进行实验。实验教学目标包括：

① 理解气压传动的基本工作原理，识别气动元件的特定功能及在气动系统中的作用；

② 具备利用不同的气动控制元件设计、组装气动换向回路的能力；

③ 培养团队协作的精神，增加团队间的沟通交流能力。

三、实验方案设计与实施

1. 实验概况

本实验概况如表 11-1 所示。

表 11-1 气动换向回路实验概况

实验类别	综合型实验	
实验装置	ZHYQ-A 型液气动综合实验台	GL-SX-YY01 液气动综合实验台
实验室安全	① 注意气动管线脱落噪声扰人 ② 注意液压试验管线压力过高破裂 ③ 操作时站在隔离线之外 ④ 在工作状态下不要随意插拔气管，如要拆卸、改建回路时，必须先将气压源关闭，卸掉回路中的气压，再拆卸、重新连接管线	

2. 实验原理

利用气动元件的不同功能，设计、组装控制回路。气动元器件的种类较多，包括气缸、接头、管路、气动阀门等。本实验的内容是利用电磁阀组和管路系统控制气缸动作，完成不同的运动功能。

(1) 电磁换向阀

采用电磁铁来操纵阀芯运动，而阀芯的结构及型式较多（图 11-1），按照阀芯停留位置数量和气体通道数量可分为二位二通、二位三通、二位四通、二位五通、三位四通和三位五通等多种型式。一般二位阀用一个电磁铁，三位阀用两个电磁铁。电磁换向阀的符号如图 11-2 所示。

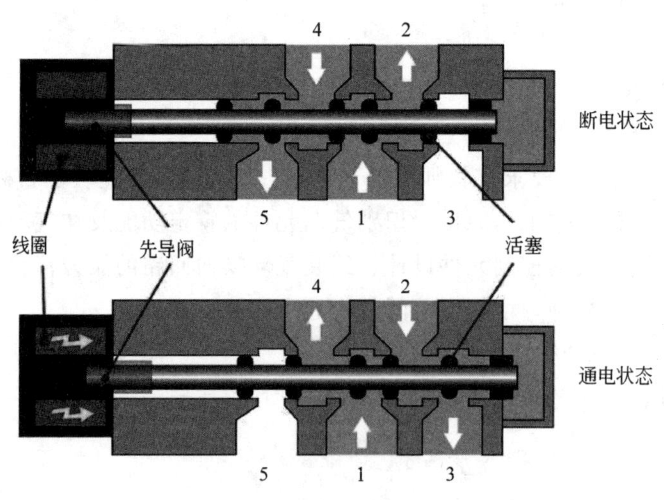

图 11-1 电磁换向阀基本结构示例图

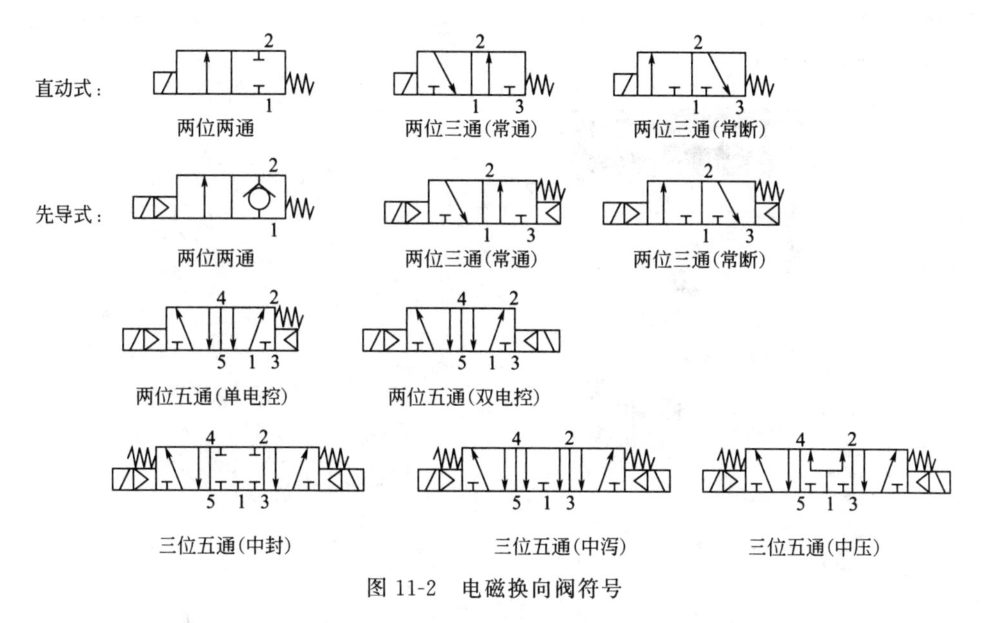

图 11-2　电磁换向阀符号

其中利用弹簧复位的二位阀以靠近弹簧的方框内的通路状态为常态位，三位阀的常态位是中位（电磁阀失电位）。

(2) 单向节流阀

节流阀是通过改变节流截面或节流长度以控制流体流量的阀门。将节流阀和单向阀并联则可组合成单向节流阀。如图 11-3 所示。

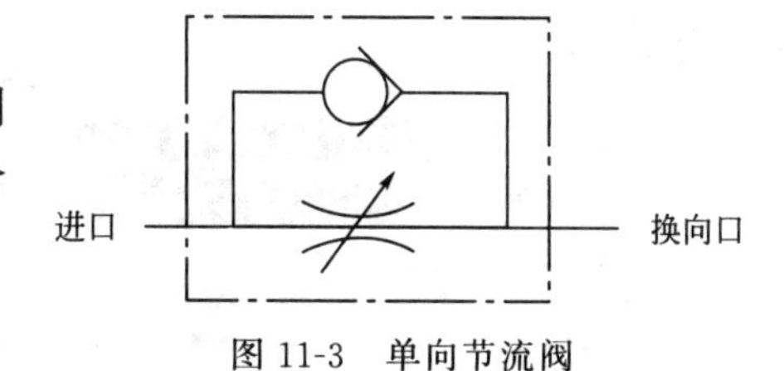

图 11-3　单向节流阀

(3) 回路原理图

① 单作用气缸换向回路的原理图见图 11-4。选用合适的元件实现上述原理图功能，得电失电实现功能切换。

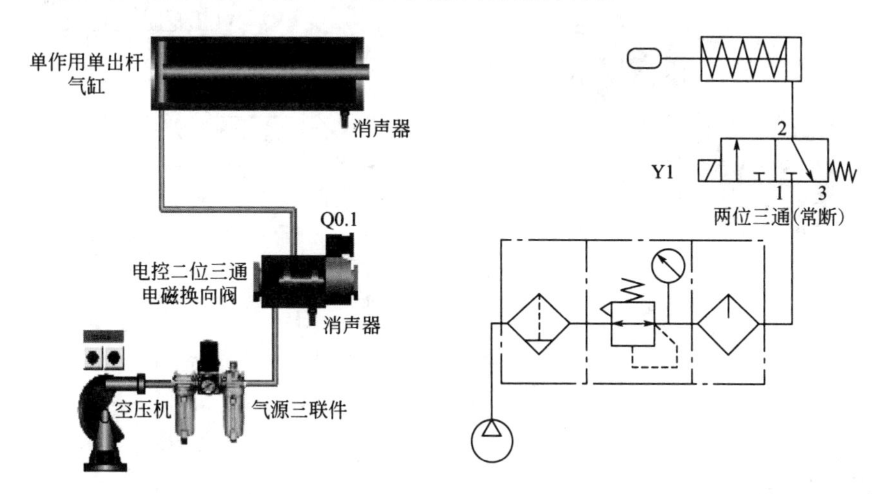

图 11-4　单作用气缸换向回路

② 单作用气缸调速回路的原理图见图 11-5。选用合适的元件实现上述原理图功能，得电失电实现不同的调速功能。

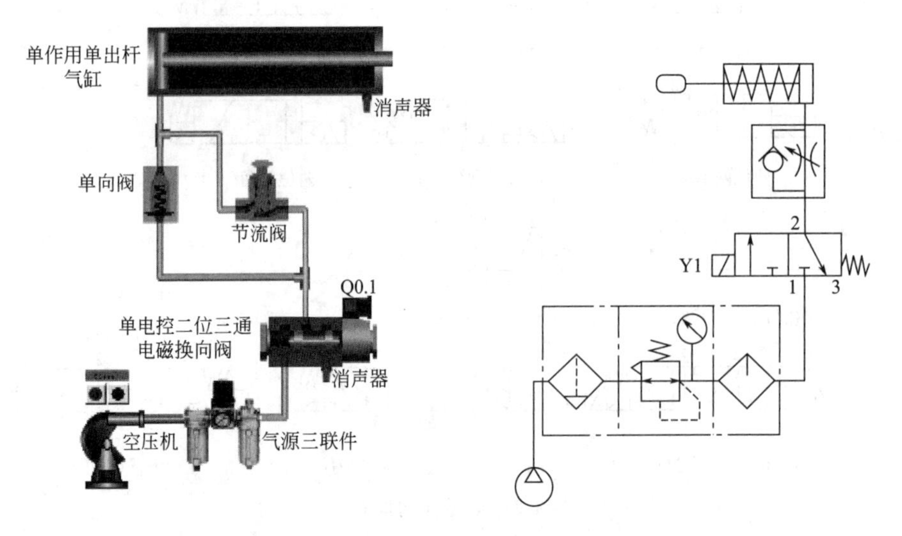

图 11-5　单作用气缸调速回路

③ 差动工作回路的原理图见图 11-6。选用合适的元件实现上述原理图功能，不同的按钮实现功能切换。

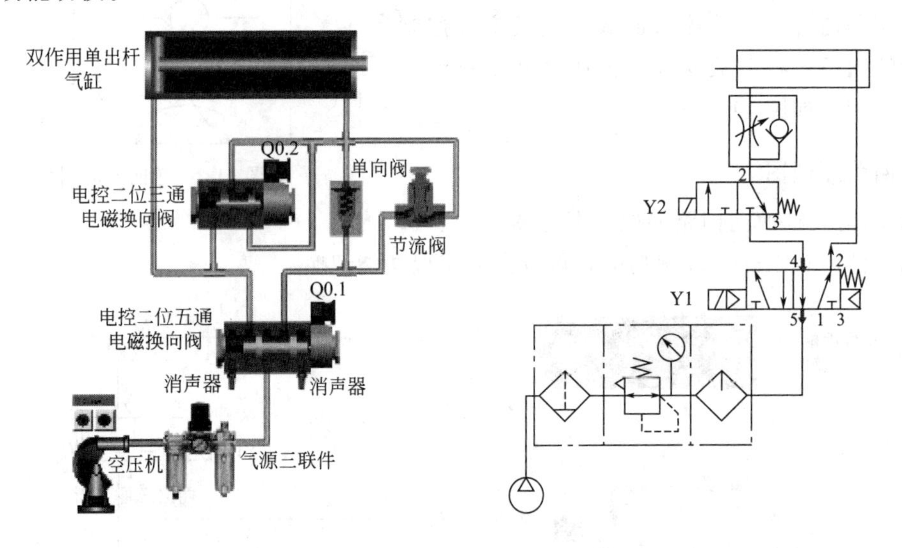

图 11-6　差动工作回路

3. 实验实施

(1) 实验步骤：

① 按照实验任务，设计并绘制控制原理图；

② 按照原理图连接各气动元件；

③ 认真检查气动回路，确保无误后，接通气压源；

④ 调节气压源的流速要平缓，最高驱动压力控制不超过 0.5MPa；
⑤ 检验气动回路工作状态，是否实现设定目标。

(2) 独立设计

独立设计一套转换管路。正确地表达设计思路，要求画出原理。

能力要求：能正确选用气动元件，分析设计气动基本回路，并熟练地绘制气动回路图，能安装、调试、使用和维护气动系统，能诊断和排除气动系统的一般故障。

四、实验数据与分析

采用照片、视频等方式记录实验过程，描述实验现象，分析动作过程。

五、实验报告要求与评价

① 简述气动回路的工作原理，并画出原理图；
② 讨论所用气动元件的功能及所连接气动回路的工作特点，分析现象；
③ 简述心得体会。

六、工程能力拓展思考

气动技术是以压缩空气为介质来传动和控制机械的一门专业技术。由于它具有节能、无污染、高效、低成本、安全可靠、结构简单等优点，广泛应用于各种机械和生产线上。我国的气动工业虽然达到了一定规模与技术水平，但是与国际先进水平相比，还有一定差距。

近年来随着微电子和计算机技术的引入，新材料、新技术、新工艺的开发和应用，气动元器件和气动控制技术迎来了新的发展空间，主要趋势包括：向小型化和高性能化发展；向多功能化发展；向计算机技术、微电子技术和IC技术与气动元件集成化发展；向以智能阀岛和气动工业机器人为代表的网络化和智能化发展；向节能、环保与绿色化发展。

给大家介绍几项气动科技的特别案例。

1. 气动仿生技术

仿生手（ExoHand）（图 11-7）是一种可像手套一样佩戴的外骨骼机构。通过这一仿生系统，不仅手指可以主动活动，还可以增强手指的力度，收集手的所有动作，并将所有信息实时传输至仿生手上。

该设备旨在提高人手的力量和耐力，拓展人类的行动空间。可以服务于高龄人群、危险环境中的装备与远程操作作业。仿生手由八个双作用气动驱动器驱动，使手指张开和握紧；兼容控制系统执行非线性调节算法，实现每个指关节的精确运动。同时，通过传感器收集手指的力度、角度和位置等信息。

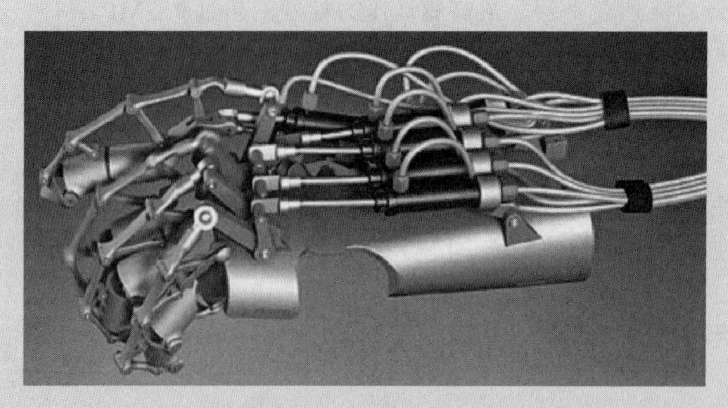

图 11-7　仿生手

BionicCobot 是具有 7 自由度、模仿人类手臂的解剖结构的气动仿生机械臂，如同其生物样本，气动轻型机器人可借助其灵活敏感的运动完成众多任务。得益于这种灵活性，这款机器人能够直接并安全地与员工一同工作。如图 11.8 所示。

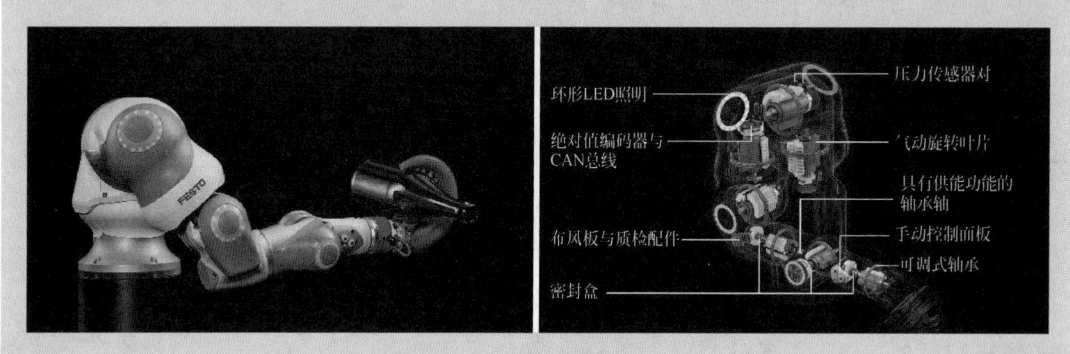

图 11-8　仿生机械臂

2. 气动肌肉

气动肌肉的工作原理：将弹性材料制成管状体，封闭并固定一端，由另一端输入压缩空气，管状体在气压的作用下膨胀时，径向的扩张因其轴向的收缩，产生牵引力，带动负载单向运动。

日本大阪大学细田实验室（Hosoda Laboratory）的研究人员开发出了两款机器人 Pneuborn-7ll 和 Pneuborn-13，这是两种肌肉-骨骼婴儿机器人系统。它们使用气动肌肉系统作为驱动。如图 11-9、图 11-10 所示。

3. 在流程工业中的应用

气动元件体积更小，重量更轻，功耗更低。超小型电磁阀外形仅有拇指大小，有效截面积仅为 0.2mm^2。微流体技术需要更加小型化、能力更强的气动组件。此外，需要满足特殊工况条件的气动产品，如高速、低冲击、高低温等复杂工况。聚四氟乙烯为主体的复合材料制造的气动密封件能满足耐热（260℃）、耐寒（−55℃）和耐磨要求，未来希望研究具有故障预报和自诊断功能的启动系统。

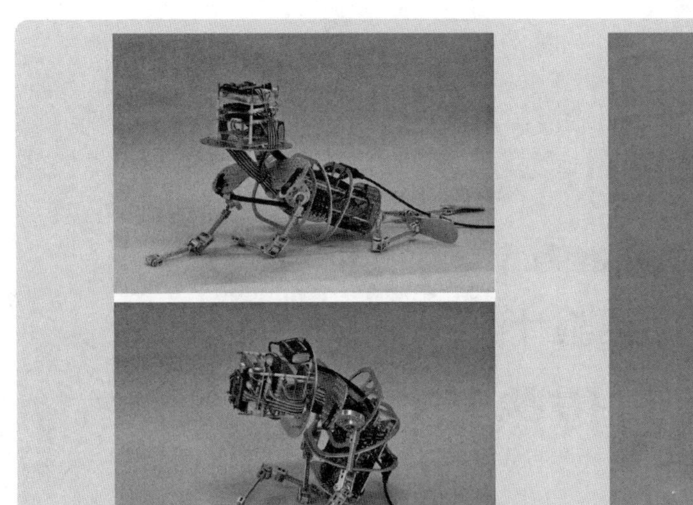

图 11-9　气动肌肉的爬行

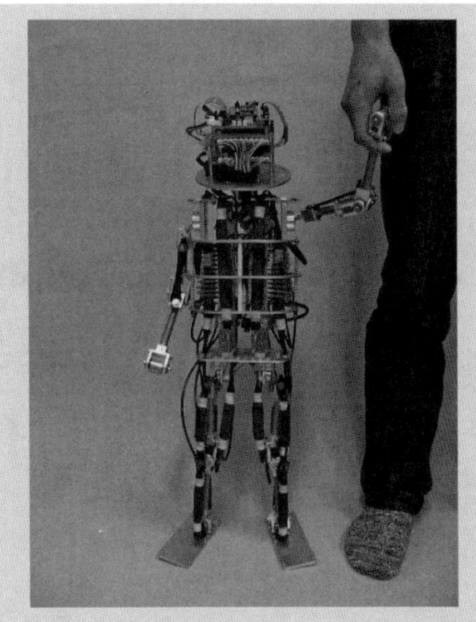

图 11-10　仿生站立的气动肌肉群

实验十二
泵特性与传热综合实验

一、实验预备知识与能力

本实验包括离心泵的性能、调节阀的流量特性、换热器的换热性能以及换热器管程和壳程压力降的测定等内容。要求在实验前具备下述知识与能力，方可进行实验。

① 了解离心泵、调节阀、换热器等的性能评价指标与评价方法；

② 了解离心泵性能、调节阀流量特性、换热器换热性能、换热器的管程和壳程压力降的测定原理及操作方法；

③ 了解传热驱动力的基本概念。

二、实验教学目标

本实验属综合型实验，要求在教师指导下自主进行实验。实验教学目标包括：

① 通过实验，深刻理解离心泵、调节阀流量、换热器的特性；

② 掌握离心泵的扬程、轴功率及泵效率与流量之间的关系，自主设计提高泵效率的实验方法；

③ 了解调节阀的理想流量特性与串联工作流量特性的区别；

④ 了解调节阀流量特性对控制过程的重要影响；

⑤ 了解换热器的换热效率与哪些因素相关，自主设计提高换热效率的实验；

⑥ 了解换热器管程和壳程的流体压力损失和流速之间的关系，思考减小流体压力损失的措施。

三、实验方案设计与实施

1. 实验概况

本实验概况如表 12-1 所示。

表 12-1　泵特性与传热综合实验概况

实验类别	综合型实验
实验标准	国家标准：GB/T 3215—2019《石油、石化和天然气工业用离心泵》 国家标准：GB/T 5656—2008《离心泵　技术条件（Ⅱ类）》 行业标准：CJ/T 25—2018《供热用手动流量调节阀》 行业标准：JB/T 10523—2005《管壳式换热器用横槽换热管》
实验装置	 泵特性与传热多功能综合实验台 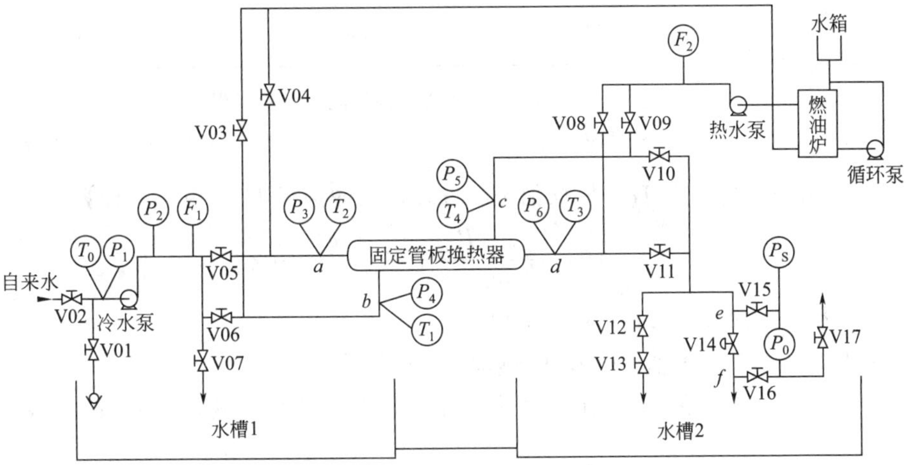 水箱 F_2 V04 V03 V08 V09 热水泵 燃油炉 循环泵 V10 P_5 T_4 c P_6 T_3 P_2 F_1 P_3 T_2 T_0 P_1 V05 a 固定管板换热器 d V11 P_S 自来水 V02 冷水泵 V06 b P_4 T_1 V15 e V12 V14 P_0 V17 V01 V07 V13 f V16 水槽1 水槽2 泵特性与传热综合实验流程图 P_0—调节阀两端差压；P_1—冷水泵进口压力；P_2—冷水泵出口压力；P_3—换热器管程出口压力；P_4—换热器壳程进口压力；P_5—换热器壳程出口压力；P_6—换热器管程进口压力；P_S—压力开关；T_0—冷水泵进口温度；T_1—换热器壳程进口温度；T_2—换热器管程出口温度；T_3—换热器管程进口温度；T_4—换热器壳程出口温度；F_1—冷水泵流量；F_2—热水泵流量
实验室安全	① 注意离心泵的使用方法 ② 实验前，注意管路阀门开关的检查 ③ 流量阀门需缓慢调节

2. 实验原理

(1) 离心泵性能测定实验原理

离心泵是一种利用水的离心运动的抽水机械，起动前应先往泵里灌满水，起动后旋转的叶轮带动泵里的水高速旋转，水作离心运动，向外甩出并被压入出水管。水被甩出后，叶轮附近的压强减小，在转轴附近形成一个低压区。这里的压强比大气压低得多，外面的水就在大气压的作用下，从进水管进入泵内。冲进来的水在随叶轮的高速旋转中又被甩出，并压入出水管。叶轮在动力机带动下不断高速旋转，水就源源不断地从低处被抽到高处。离心泵的性能参数取决于泵的内部结构、叶轮形式及转速。其中理论压头与流量的关系可以通过对泵内液体质点运动的理论分析得到。由于流体流经泵时，不可避免地会产生阻力损失，如摩擦损失、环流损失等，实际压头小于理论压头，且难以计算。因此，通常采用实验方法直接测定其参数间的关系，并将测出的 H-q_v、N-q_v、η-q_v 三条曲线称为离心泵的特性曲线。根据曲线可以找到最佳操作范围，作为选择泵的依据。

离心泵性能测定实验流程如图 12-1 所示。

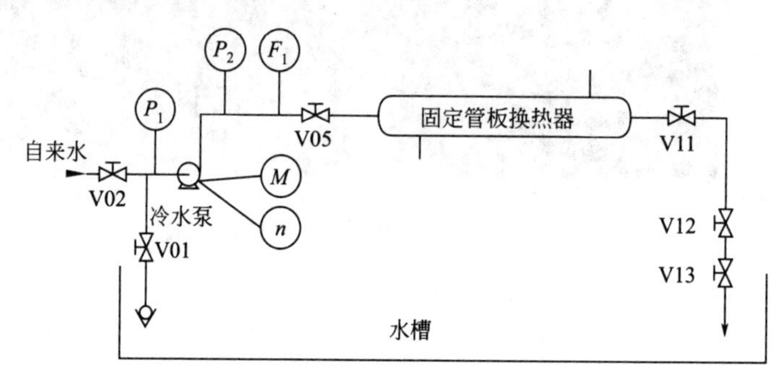

图 12-1 离心泵性能测定实验流程图

P_1—水泵进口压力；P_2—水泵出口压力；F_1—水泵流量；M—转矩；n—转速

① 离心泵的扬程 H 根据伯努利方程，泵的扬程 H 可由下式计算

$$H=\frac{P_{out}-P_{in}}{\rho g}+\frac{c_{out}^2-c_{in}^2}{2g}+(Z_{out}-Z_{in}) \tag{12-1}$$

式中 H——离心泵扬程，mmH_2O；

P_{in}，P_{out}——离心泵进口压力（为负值）、出口压力，Pa；

c_{in}，c_{out}——离心泵进口、出口压力测量点处管内水的流速，m/s，$c_{in}=10^{-3}q_v/A_{in}$，其中 $A_{in}=\frac{\pi d_{in}^2}{4}$，$c_{out}=10^{-3}q_v/A_{out}$，其中 $A_{out}=\frac{\pi d_{out}^2}{4}$；

Z_{in}，Z_{out}——离心泵进口、出口压力测量点距泵轴中心线的垂直距离，m；

ρ——水的密度，$\rho=1000kg/m^3$；

g——重力加速度，$9.81m/s^2$。

在本实验装置中，$Z_{in}-Z_{out}=0$，泵进口压力测量点处管内径 $d_{in}=32mm$，泵出口压力测量点处管内径 $d_{out}=25mm$。

② 离心泵的功率

轴功率 N（kW）

$$N=\frac{Mn}{9554} \tag{12-2}$$

有效功率 N_e（kW）

$$N_e=\frac{Hq_v\rho g}{1000} \tag{12-3}$$

式中　M——转矩，N·m；

n——泵转速，r/min；

q_v——流量，m^3/s。

③ 离心泵的效率 η

$$\eta=\frac{N_e}{N}\times 100\% \tag{12-4}$$

比例定律

$$\frac{q'_v}{q_v}=\frac{n'}{n} \tag{12-5}$$

$$\frac{H'}{H}=\left(\frac{n'}{n}\right)^2 \tag{12-6}$$

$$\frac{N'}{N}=\left(\frac{n'}{n}\right)^3 \tag{12-7}$$

式中　n——离心泵的额定转速；

n'——离心泵的实测转速；

q_v，H，N——离心泵在额定转速下的流量、扬程和功率；

q'_v，H'，N'——离心泵在非额定转速下的流量、扬程和功率。

(2) 调节阀流量特性实验原理

调节阀又名控制阀，是在工业自动化过程控制领域中，通过接受调节控制单元输出的控制信号，借助动力操作去改变介质流量、压力、温度、液位等工艺参数的最终控制元件。调节阀在管道中起可变阻力的作用，它改变工艺流体的紊流度或在层流情况下提供一个压力降，压力降是由改变阀门阻力或“摩擦”所引起的。这一压力降低过程通常称为“节流”。

调节阀的流量特性是指流过阀门的介质相对流量与阀门的相对开度之间的关系，表示为

$$\frac{q_v}{q_{vmax}}=f\left(\frac{l}{L}\right) \tag{12-8}$$

式中　q_v/q_{vmax}——相对流量；

q_v——阀在某一开度时的流量；

q_{vmax}——阀在全开时的流量；

l/L——阀的相对开度；

l——阀在某一开度时阀芯的行程；

L——阀全开时阀芯的行程。

调节阀流量特性实验流程如图 12-2 所示。

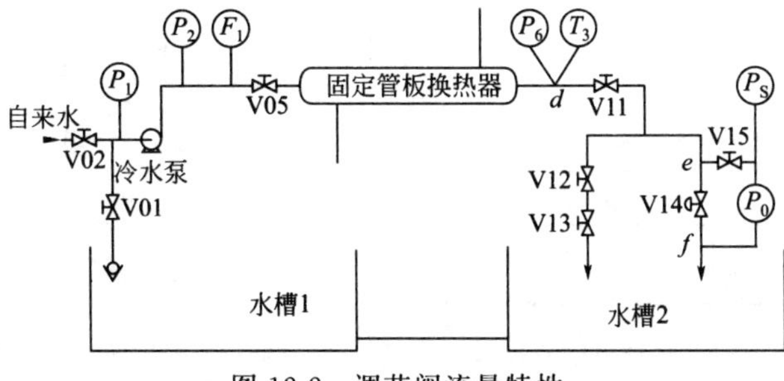

图 12-2　调节阀流量特性

① 调节阀的理想特性

在调节阀前后压差 Δq_v 不变的情况下，调节阀的流量曲线称为调节阀的理想流量特性。根据调节阀阀芯形状不同，调节阀有快开型、直线型、抛物线型和等百分比型等四种理想流量曲线。本实验使用的调节阀为等百分比流量特性，如图 12-3 中的曲线 4，其相对开度与相对流量之间的关系为

$$\frac{q_v}{q_{vmax}}=R^{\frac{l}{L}-1} \tag{12-9}$$

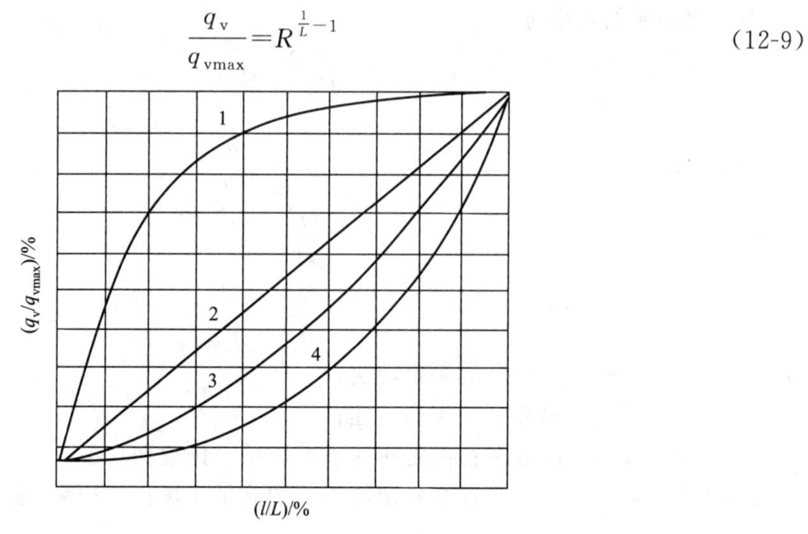

图 12-3 调节阀的理想流量特性曲线

调节阀理想特性曲线的测试实验就是在保持调节阀前后压差 Δq_v 恒定的情况下，测量调节阀相对开度 l/L 与相对流量 q_v/q_{vmax} 之间的关系。

② 调节阀在串联管道中的工作特性

在实际生产过程中由于调节阀前后管路阻力造成的压力降，使调节阀的前后压差变化，此时调节阀的流量特性称为工作特性。

当调节阀在串联管路中时，系统的总压差等于管路的压力降与调节阀前后压差之和

$$\Delta P=\Delta P_1+\Delta P_v \tag{12-10}$$

式中 ΔP——系统总压差；

ΔP_1——管路压力降；

ΔP_v——调节阀前后压差。

调节阀在串联管道中的连接如图 12-4 所示。

串联管路中管路压力降与通过流量的平方成正比，若系统总压差不变，当调节阀开度增加时，管路压力降将随着流量的增大而增加，调节阀前后压差则随之减小，其压差变化曲线如图 12-5 所示。

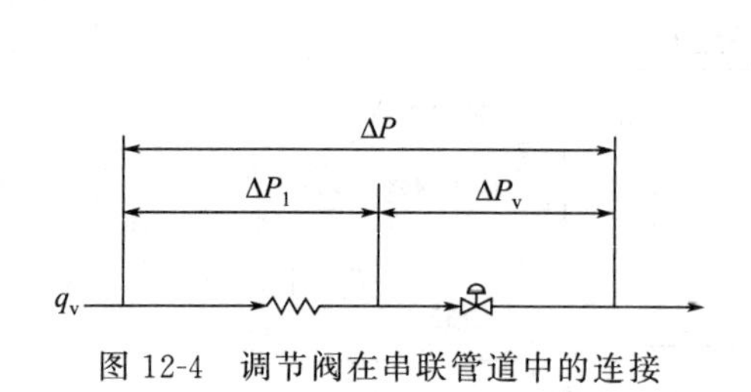

图 12-4 调节阀在串联管道中的连接

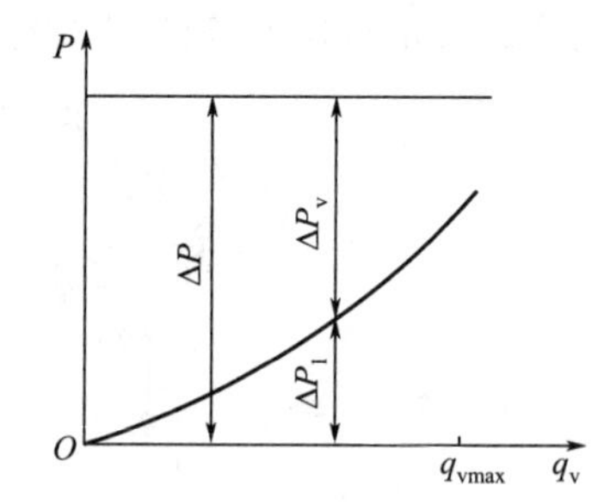

图 12-5 调节阀在串联管路中压差变化曲线图

调节阀在理想状态下（即管路的压力降为零），且调节阀在全开时的最大流量为参比值，用 s 表示调节阀全开时调节阀前后压差与系统总压之比

$$s=\frac{\Delta P_v}{\Delta P} \tag{12-11}$$

当管路压力降等于零时，系统总压差全部落在调节阀上 $\Delta P=\Delta P_v$，此时 $s=1$，调节阀的流量特性为理想流量特性。

当管路压力降大于零时，系统总压分别落在管路和调节阀上 $\Delta P=\Delta P_1+\Delta P_v$，此时 $s<1$，调节阀的流量特性为工作流量特性。

实验中的 ΔP 是指换热器管程出口处 d 点经阀门 V11 到 e 点，再到电动调节阀 V14 出口 f 点的压差；ΔP_2 指电动调节阀 V14 两端 e、f 之间的压差。

(3) 换热器的换热性能实验原理

换热器是一种在不同温度的两种或两种以上流体间实现物料间热量传递的节能设备，使热量由温度较高的流体传递给温度较低的流体，使流体温度达到规定的指标，以满足工艺条件的需要，同时也是提高能源利用率的主要设备之一。

换热器工作时，冷、热流体分别处在换热管管壁的两侧，热流体把热量通过管壁传给冷流体，形成热交换。若换热器没有保温，存在热损失量 ΔQ 时，则热流体放出的热量大于冷流体获得的热量。

热流体放出的热量为

$$Q_t=m_t c_{pt}(T_1-T_2) \tag{12-12}$$

式中　Q_t——单位时间内热流体放出的热量，kW；

m_t——热流体的质量流率，kg/s；

c_{pt}——热流体的定压比热容，kJ/（kg・K），在实验温度范围内可视为常数；

T_2，T_2——热流体的进出口温度，K 或℃。

冷流体获得的热量为

$$Q_s=m_s c_{ps}(t_2-t_1) \tag{12-13}$$

式中　Q_s——单位时间内冷流体获得的热量，kW；

m_s——冷流体的质量流率，kg/s；

c_{ps}——冷流体的定压比热，kJ/（kg・K），在实验温度范围内可视为常数；

t_1，t_2——冷流体的进出口温度，K 或℃。

损失的热量为

$$\Delta Q=Q_t-Q_s \tag{12-14}$$

冷、热流体间的温差是传热的驱动力，对于逆流传热，平均温差为

$$\Delta t_m=\frac{\Delta t_1-\Delta t_2}{\ln(\Delta t_1/\Delta t_2)} \tag{12-15}$$

式中　$\Delta t_1=T_1-t_2$，$\Delta t_2=T_2-t_1$。

本实验着重考察传热速率 Q 和传热驱动力 Δt_m 之间的关系。

换热器的换热性能实验流程如图 12-6 所示。

(4) 换热器的管程和壳程压力降实验原理

流体流经换热器时会出现压力损失，包括流体在换热器内部的压力损失和流体在换热器进出口处局部的压力损失。通过测量管程流体的进口压力 P_{t1}、出口压力 P_{t2}，便可得到流

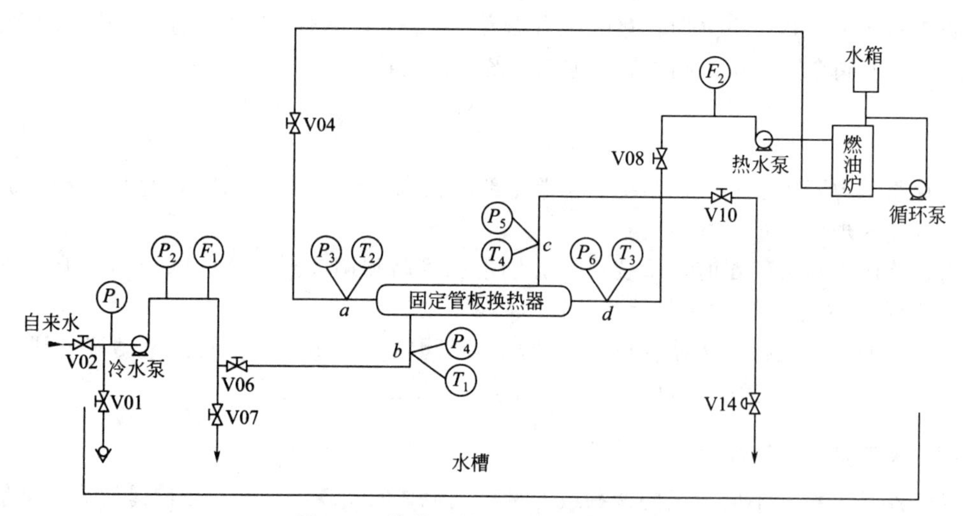

图 12-6 换热器换热性能实验流程图

体流经换热器管程的总压力损失 $\Delta P_t = P_{t1} - P_{t2}$；通过测量壳程流体的进口压力 P_{s1}、出口压力 P_{s2}，便可得到流体流经换热器壳程的总压力损失 $\Delta P_s = P_{s1} - P_{s2}$。

换热器管程和壳程压力降实验流程如图 12-7、图 12-8 所示。

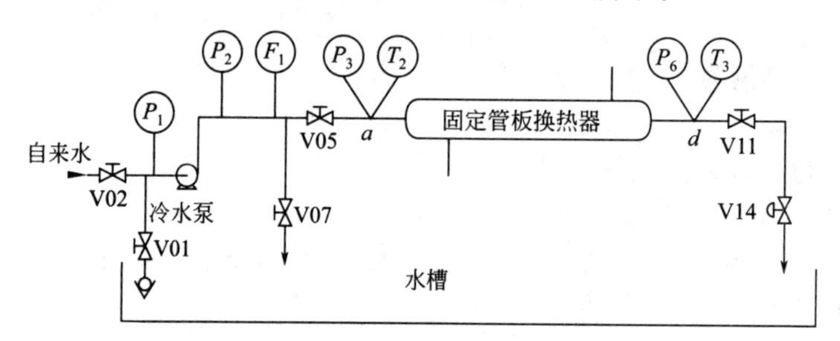

图 12-7 换热器管程压力降实验流程图

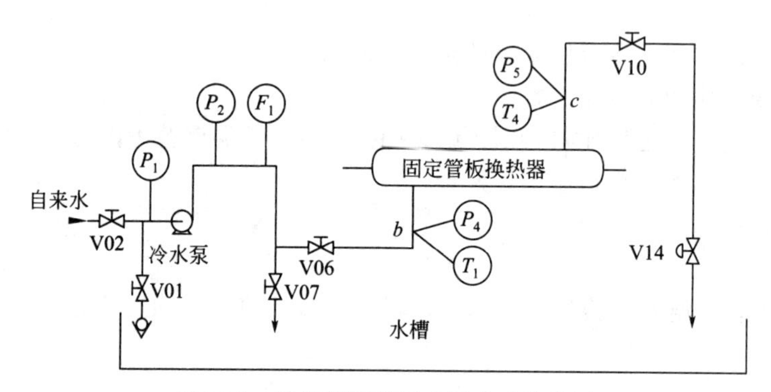

图 12-8 换热器壳程压力降实验流程图

3. 实验实施

(1) 离心泵的性能测定实验步骤

① 检查离心泵实验相关阀门的开关；

② 灌泵：打开自来水，旋开冷水泵排气阀放净空气，保证离心泵中充满水；

③ 开启工控机，进入过程设备与控制综合实验程序；

④ 选择工频运转方式，启动冷水泵；

⑤ 调节冷水泵出口流量调节阀，改变冷水泵流量，流量范围：0.5～2.5L/s，采集数据；

⑥ 关闭冷水泵。

(2) 调节阀的理想流量特性实验步骤

① 打开相关阀门，使冷流体走管程；

② 灌泵；

③ 选择 DDC 控制方式，变频运转方式，启动冷水泵；

④ 开启工控机，进入过程设备与控制综合实验程序；

⑤ 使电动调节阀全开；

⑥ 使离心泵全速运转；

⑦ 将此时调节阀压差作为“基准值”，单击“开始”，记录“理想特性”；

⑧ 逐步调整调节阀开度，使调节阀两端压差等于“基准值”，记录相应的流量值。

注意：调整“压力调节”移动条应轻缓，避免差压变送器过载导致超压保护，造成停泵。

(3) 电动调节阀的工作流量特性实验步骤

调节阀的工作流量特性实验是在不同的 s 值下分别进行的，取三个不同的 s 值。s 值的大小通过改变调节阀前后压差得到。

实验步骤如下：

① 单击“开始”按钮、“工作特性”按钮；

② 使调节阀开度为 100%，移动“压力调节”移动条至 100%；

③ 根据 s 值手动减小阀门开度，使调节阀压差 $\Delta P_v = s\Delta p$；

④ 不断减小阀门开度直至使系统总压差 $\Delta P=$“基准值”；

⑤ 移动“压力调节”移动条、“阀门开度”移动条，使电动调节阀门开度减小 10%；

⑥ 移动“压力调节”移动条，使系统总压差 ΔP 维持“基准值”不变；

⑦ 系统稳定后，进行记录；

⑧ 重复调整，直至阀门开度为零。

⑨ 结束实验：关闭差压传感器阀，关闭冷水泵，退出实验程序界面。

(4) 换热器的换热性能实验步骤

① 开启热水器，设置温度上限 75℃，下限 70℃；

② 开启工控机，进入过程设备与控制综合实验程序；

③ 打开相关阀门，使冷流体走换热器壳程，并经电动调节阀流回水箱；

④ 灌泵；

⑤ 选择变频运转方式，启动冷水泵，分别调节压力调节旋钮和流量调节旋钮，使冷水泵出口压力保持在 0.4MPa，出口流量保持在 1.0L/s；

⑥ 当热水器内水温达到温度上限后，开启循环泵，待热水器内热水温度均匀后，关闭循环泵，开启热水泵；

⑦ 调节阀门，使热流体流量稳定在 0.3L/s；

⑧ 当冷流体的进出口温度及热流体的出口温度稳定后，记录数据；

⑨ 当换热器管程进口热水温度出现下降趋势时，关闭热水泵，打开循环泵，温度稳定后，关闭循环泵，打开热水泵，重复实验；

⑩ 当冷、热流体温差小于10℃时，停止实验，关闭冷水泵、热水泵和循环泵。

(5) 换热器管程压力降实验步骤

① 打开相关阀门，使冷流体走换热器管程；

② 灌泵；

③ 开启工控机，进入过程设备与控制综合实验程序；

④ 转动压力调节旋钮、流量调节旋钮分别至零位，关闭流量调节阀；

⑤ 选择变频运转方式，启动冷水泵，转动压力调节旋钮使冷水泵出口压力保持在0.7MPa；

⑥ 转动流量调节旋钮，冷流体流量范围可采取1.0～2.2L/s，采集七组数据；

⑦ 转动压力调节旋钮使冷水泵出口压力归零，关闭冷水泵；

⑧ 转动流量调节旋钮至零位，关闭流量调节阀。

(6) 换热器壳程压力降实验步骤

① 打开相关阀门，使冷流体走换热器壳程；

② 其余步骤与管程实验（5）相同，冷流体流量范围可采取0.4～2.2L/s。

四、实验数据与分析

① 离心泵性能测定实验：实验用离心泵的额定转速为2900r/min记录泵流量q_v、泵进口压力P_{in}、泵出口压力P_{out}、泵转矩M和泵转速n，将实验数据和计算结果列入表中，并依此数据绘制离心泵的性能曲线。

② 调节阀的流量特性实验：计算调节阀理想流量特性实验数据中的相对流量值，绘制调节阀理想流量特性图；将不同s值的实验数据列入表中，并计算出相对流量值，并在同一坐标系上绘制出调节阀在串联管路中的工作流量特性曲线族。

③ 换热器的换热性能实验：保持热流体流量及冷流体流量不变，改变热流体的进口温度T_1，测量冷流体的进出口温度t_1、t_2及热流体的出口温度T_2，分别计算热流体放出的热量Q_t和冷流体获得的热量Q_s，并计算热量损失，计算平均温差Δt_m。将实验数据和计算结果列入表中，并依此数据绘制换热器的换热性能曲线。

五、实验报告要求与评价

本实验不要求统一格式的实验报告，但实验报告中应包括以下内容：

① 绘制H-q_v、N-q_v、η-q_v曲线，要求用Excel或Origin等软件绘制，标注要清楚美观；对实验数据进行分析与讨论。

② 绘制调节阀的理想流量特性曲线和调节阀串联工作流量特性曲线族，要求用Excel或Origin等软件绘制在同一张图上，标注要清楚美观。思考调节阀理想流量特性曲线与工作流量特性曲线的差异是什么原因造成的；根据调节阀的理想流量特性曲线，判断阀体是什么类型的；思考在串联管道中，调节阀前后压差与哪些因素有关，为什么。

③ 绘制 Q_t-Δt_m、$\Delta Q-\Delta t_m$ 曲线，要求用 Excel 或 Origin 等软件绘制，标注要清楚美观；对所得曲线进行分析、讨论。思考热量是如何损失的，怎样才能减少热量损失。

④ 根据所测流量，计算管程流体流经换热器的理论压力损失，并与实验结果进行比较。绘制 ΔP_t-V_t 理论曲线和 ΔP_s-V_s 实验曲线，要求用 Excel 或 Origin 等软件绘制，标注要清楚美观；对所得曲线进行分析、讨论。思考如何降低换热器中的阻力损失。

六、工程能力拓展思考

离心泵是化工生产中应用最为普遍的流体输送设备，其性能参数有流量、扬程、功率、效率、汽蚀余量等。某化工厂用离心泵从常压储槽向反应器输送无机液体，反应器的正常工作压力为 2.5MPa（表压），无机液的密度为 1250kg/m^3，装置建成后先进行水联动试车，试车时发现离心泵无法将水打入反应器（离心泵工作正常）。试分析造成这种现象的原因是什么？怎么解决这个问题？

换热器是化工、石油、能源、动力、冶金等工业生产中广泛应用的能量交换设备，在动力消耗和投资方面占有重要份额。据统计，在化学工业中，换热器的投资占设备总投资的 30%左右；在炼油厂中，其投资占 40%左右；在热电厂中，占总投资的 70%左右；而海水淡化工艺装置几乎全部由换热器组成。提高换热器的传热效率，对于提高能量利用率、节能降耗都意义重大。在各类换热器中，管壳式换热器具有制造简单、成本低、换热效率高等优势，所以其目前仍是各种能耗工业中应用最普遍的一种。如在石油、化工行业中，管壳式换热器在各类换热器中所占比例高达 70%。请查阅资料详细阐述：① 提高管壳式换热器换热效率的方法有哪些？② 请谈谈新型低能耗高效换热器类型有哪些？

思考题

① 离心泵启动前为什么要引水灌泵？

② 离心泵的性能曲线有何作用？性能曲线对离心泵的选择有何指导意义？

③ 调节阀的理想流量特性取决于什么？根据调节阀的工作流量特性曲线，分析管路参数对调节阀调节性能的影响有哪些？

④ 在工程上，很多换热器都采用逆流工艺流程，为什么？

参考文献

[1] 刘志军，李志义．过程机械．2版．北京：化学工业出版社，2022．
[2] 郑津洋，桑芝富．过程设备设计．5版．北京：化学工业出版社，2021．
[3] 刘鸿文．材料力学．北京：高等教育出版社，2008．
[4] 李世玉．压力容器设计工程师培训教程——基础知识零部件．北京：新华出版社，2019．
[5] 日本无损检测学会．超声波探伤．李衍，译．南京：江苏科学技术出版社，1980．
[6] 日本无损检测学会．无损检测概论．上海：上海科技出版社，1981．
[7] 黄礼彬，赵波．试验模态分析中的锤击法．洛阳工学院学报，1990，11(02)：35-42．
[8] 刘军，高建立，穆桂脂，等．改进锤击法试验模态分析技术的研究．振动与冲击，2009，28(03)：174-177．
[9] 库克 R D．有限元分析的概念和应用．2版．程耿东，何穷，张国荣，译．北京：科学出版社，1989．
[10] 李素君，赵薇．化工原理．3版．大连：大连理工大学出版社，2020．
[11] 章裕昆，陈殿京，杨英．安全阀技术．北京：机械工业出版社，2016．
[12] 曹勇，吴剑峰，罗二仓，等．涡流管研究的进展与评述．低温工程，2001(6)：1-5．
[13] 屈宗长．往复式压缩机原理．西安：西安交通大学出版社，2019．
[14] 李志义，喻健良．爆破片技术及应用．北京：化学工业出版社，2006．
[15] 徐志鹏．离心泵的性能特点及应用研究．炼油与化工，2016(1)：57-58．
[16] 任俊慷．离心泵在工业中的应用．中国科技博览，2014(27)：392．
[17] 董其伍，刘敏珊，苏立建．管壳式换热器研究进展．化工设备与管道，2006，43(6)：18-22．
[18] 徐鹏，肖延勇．壳管式换热器强化传热技术研究进展．机电设备，2020，37(4)：72-76．
[19] 潘文厚，杨启明．管壳式换热器节能技术研究．化学工程与装备，2007(5)：27-30．